高校转型发展系列教材

酒水服务与管理

牟　昆　编著

清华大学出版社
北　京

内 容 简 介

《酒水服务与管理》一书是根据应用型本科教育教学特点及要求编写的。全书共七个学习单元，内容包括：认识酒水、发酵酒及其服务、蒸馏酒及其服务、配制酒及其服务、鸡尾酒及其服务、茶及其服务、咖啡及其服务。

本书重点突出，深入浅出，通俗易懂，注重理论与实践相结合。本书突出了应用型本科注重能力培养这条主线，有机地融合知识、技术、能力、素质等要素，帮助学生学以致用、学有所用，具有一定的前瞻性和操作性。

本书是应用型本科旅游与酒店管理专业规划教材，既可作为应用型本科高等院校有关专业的教学参考书，也可作为各类饭店、酒吧的培训用书，还可作为酒水爱好者的自学读物。

本书封面贴有清华大学出版社防伪标签，无标签者不得销售。
版权所有，侵权必究。举报：010-62782989，beiqinquan@tup.tsinghua.edu.cn。

图书在版编目(CIP)数据

酒水服务与管理 / 牟昆 编著. —北京：清华大学出版社，2017（2023.7重印）
(高校转型发展系列教材)
ISBN 978-7-302-47133-2

Ⅰ. ①酒… Ⅱ. ①牟… Ⅲ. ①酒—高等学校—教材②饮料—高等学校—教材③酒吧—商业管理—高等学校—教材 Ⅳ. ①TS262②F719.3

中国版本图书馆 CIP 数据核字(2017)第 108483 号

责任编辑：施 猛 马遥遥
封面设计：常雪影
版式设计：方加青
责任校对：牛艳敏
责任印制：杨 艳

出版发行：清华大学出版社
网 址：http://www.tup.com.cn，http://www.wqbook.com
地 址：北京清华大学学研大厦 A 座 邮 编：100084
社 总 机：010-83470000 邮 购：010-62786544
投稿与读者服务：010-62776969，c-service@tup.tsinghua.edu.cn
质 量 反 馈：010-62772015，zhiliang@tup.tsinghua.edu.cn
印 装 者：三河市铭诚印务有限公司
经 销：全国新华书店
开 本：185mm×260mm 印 张：12.25 字 数：283 千字
版 次：2017 年 6 月第 1 版 印 次：2023 年 7 月第 6 次印刷
定 价：45.00 元

产品编号：074496-02

高校转型发展系列教材

编 委 会

主 任 委 员：李继安　李　峰

副主任委员：王淑梅

委员(按姓氏笔画排序)：

马德顺　王　焱　王小军　王建明　王海义　孙丽娜

李　娟　李长智　李庆杨　陈兴林　范立南　赵柏东

侯　彤　姜乃力　姜俊和　高小珺　董　海　解　勇

前　言

近年来，伴随我国旅游业的迅猛发展，以及人们生活水平的不断提高和生活方式的不断改变，人们不仅对酒水的需求量越来越大，而且对酒水质量及其服务的要求越来越高。为此，餐饮业急需大量培养具备系统酒水知识和酒水服务技能的高级专业人才。本教材就是为了适应这一需要应运而生的。

本教材是应用型本科旅游管理专业系列规划教材之一，既可作为高等院校有关专业本科教学的参考书，也可作为各类饭店、酒吧的培训用书，还可作为酒水爱好者的自学读物。

本教材共计七个学习单元，主要内容包括：认识酒水、发酵酒及其服务、蒸馏酒及其服务、配制酒及其服务、鸡尾酒及其服务、茶及其服务、咖啡及其服务。

本教材具有以下特点：

1. 以“任务导向”的教学模式为教材编写体系，适应了应用型本科教育的特点。

2. 汲取国内外专业方面的新知识与新技术。

3. 教材内容专业，实用性较强。

4. 穿插了相关的资料和图片，图文并茂。

5. 每个学习单元设有课前导读、学习目标、小资料、单元小结、单元测试和课外实训等内容，便于指导学习。

本书由沈阳大学牟昆编著，由碧桂园玛丽蒂姆酒店行政餐饮经理Tobias Fuehrer主审。

编者在编写本教材的过程中，参考了中外作者的有关文献资料，并得到了清华大学出版社的大力支持，在此一并致以诚挚的谢意。

由于编者水平有限，错误和疏漏之处在所难免，敬请赐教。反馈邮箱：wkservice@vip.163.com。

编　者

2017年2月

目　录

学习单元一 认识酒水

课前导读

近年来，随着旅游业、饭店业和餐饮业的不断发展，我国酒水销售量迅速增长。学习酒水服务的专业知识和酒吧管理的经营理论，熟悉中国酒文化方面的知识，对于旅游、酒店管理专业的学生来说越来越重要。本单元从酒水服务工作的实际需要出发，系统阐述酒水知识的相关理论，服从、服务于企业的经营实践，形成对饭店业和餐饮业酒水知识的正确认识。

学习目标

知识目标：

1. 了解酒水的相关概念；
2. 了解酒水的基本内涵；
3. 了解酒类生产工艺；
4. 了解酒的成分。

能力目标：

1. 掌握酒水的分类；
2. 掌握酒度的换算。

学习任务一 酒水的含义

在饭店业和餐饮业中，酒水也称为饮料，从其功能角度看，饮料是能够供给人体水分及营养物质，并经过一定的工艺制作出来的供饮用的液体食品。通常认为，酒水是一切含酒精的饮料和不含酒精的饮料的统称。

一、含酒精饮料

酒水中的“酒”是指含酒精、可饮用的液体。一般酒精含量为0.5%～75.5%。酒精饮料具有使人兴奋、麻醉并带有刺激性的特殊作用。酒精饮料主要有：葡萄酒、啤酒、黄酒、清酒等。

二、无酒精饮料

酒水中的“水”是指所有不含酒精的饮用品。无酒精饮料的作用是提神、解渴及补充人体水分。无酒精饮料主要有：果蔬汁饮料、碳酸饮料、乳品饮料等。

学习任务二 酒水的分类

一、含酒精饮料的分类

(一) 按酒的特点和商业经营方式分类

1. 白酒

白酒是以谷物或其他含有丰富淀粉的农副产品为原料，以酒曲为糖化发酵剂，以特殊的蒸馏器为酿造工具，经发酵蒸馏而成。白酒的度数一般在30度以上，无色透明，质地纯净，醇香甘美。

2. 黄酒

黄酒又称压榨酒，是主要以糯米和黍米为原料，通过特定的加工酿造过程，利用酒药曲(红曲、麦曲)浆水中的多种霉菌、酵母菌、细菌等微生物的共同作用而酿成的一种低度原汁酒。黄酒的度数一般为12～18度，色黄清亮，黄中带红，醇厚幽香，味感谐和。

3. 啤酒

啤酒是将大麦芽糖化后加入啤酒花(蛇麻草的雌花)、酵母菌酿制成的一种低度酒饮料。啤酒的度数一般为2～8度。

4. 果酒

果酒是以含糖分较高的水果为主要原料，经过发酵等工艺酿制而成的一种低酒精含量的原汁酒。果酒的度数在15度左右。

5. 仿洋酒

仿洋酒是我国酿酒工业仿制国外名酒生产工艺所制造的酒，如金奖白兰地、味美思。

6. 药酒

药酒是以成品酒(以白酒居多)为原料加入各种中草药材浸泡而成的一种配制酒。药酒是一种具有较高滋补、营养和药用价值的酒精饮料。

(二) 按酒的酿制方法分类

1. 蒸馏酒

原料经过发酵后用蒸馏法制成的酒叫蒸馏酒。这类酒的酒度较高，一般在30度以上。如中国白酒，外国白兰地、威士忌、金酒、伏特加等。

2. 酿造酒

酿造酒又称发酵酒，是将原料发酵后直接提取或采取压榨法获取的酒。酿造酒的酒度不高，一般不超过15度。如黄酒、果酒、啤酒、葡萄酒。

3. 配制酒

配制酒是以原汁酒或蒸馏酒做基酒，与酒精或非酒精物质进行勾兑，兼用浸泡、调和等多种手段调制成的酒。如药酒、露酒等。

(三) 按酒精含量分类

1. 高度酒

酒液中酒精含量在40%以上的酒为高度酒。如茅台(见图1-1)、五粮液、汾酒、二锅头等。

2. 中度酒

酒液中酒精含量为20%～40%的酒为中度酒。如竹叶青(见图1-2)、米酒、黄酒等。

3. 低度酒

酒液中酒精含量在20%以下的酒为低度酒。如葡萄酒(见图1-3)、桂花陈酒、香槟酒和低度药酒。

图1-1　茅台酒

图1-2　竹叶青酒

图1-3　张裕解百纳干红葡萄酒

(四) 按配餐方式分类

1. 开胃酒

开胃酒是以成品酒或食用酒精为原料加入香料等浸泡而成的一种配制酒。如味美思、比特酒、茴香酒等。

2. 佐餐酒

佐餐酒主要是指葡萄酒，因西方人就餐时一般只喝葡萄酒而不喝其他酒类(不像中国人可以用任何酒佐餐)。如红葡萄酒、白葡萄酒、玫瑰葡萄酒和有汽葡萄酒等。

3. 餐后酒

餐后酒主要是指餐后饮用的可帮助消化的酒类。如白兰地、利口酒等。

(五) 洋酒的分类

1. 烈酒(蒸馏酒)类

(1) 威士忌(Whisky)。“威士忌”一词出自爱尔兰方言，意为“生命之水”。威士忌以粮食谷物为主要原料，用大麦芽作为糖化发酵剂，采用液态发酵法经蒸馏获得原酒后，再盛于橡木桶内贮藏数年而成(普通品贮藏期约3年，上等品贮藏期在7年以上)。饮用时一些人喜欢加苏打水，还可将其与柠檬水、汽水混合饮用，一般使用古典杯斟酒，斟1/3杯满。

(2) 白兰地(Brandy)。世界著名佳酿白兰地原产于荷兰，由发酵的生果取出原汁酿制而成，蒸馏时酒精度不能超过85%。一般成熟的白兰地必须在橡木桶里贮存2年以上。在白兰地的酿制过程中，贮藏期越长其品质越好，一般用五角星来表示老熟程度，每颗星代表5年。当今被誉为“洋酒之王”的法国“人头马路易十三”在白兰地酒中最负盛名。

(3) 伏特加(Vodka)。伏特加又名俄得克，最早出现于俄国，其名称来自俄语“伏达”，是俄罗斯具有代表性的烈性酒，是俄语“水”一词的延伸。它主要以土豆、玉米为原料，经过蒸馏再加8小时的过滤，使原酒的酒液与活性炭充分接触而成。酒液无色透明，口味醇正，酒精度为34度～40度。

(4) 金酒(Gin)。金酒又称松子酒，源自荷兰，是国际著名蒸馏酒之一。它的名称是从荷兰语中演变而来，意为“桧属植物”。它以麦芽和裸麦为原料，经过发酵后再蒸馏三次而成。现有荷兰麦芽式金酒和英美式干型金酒两种。

(5) 朗姆酒(Rum)。它以甘蔗汁或制糖后的副产品中的废糖蜜为原料，经发酵蒸馏成食用酒精，然后放于橡木桶中陈酿，最后与香料兑制而成。酒液透明，呈淡黄色，有独特的香味，入口有刺激感，酒精度为40度左右，分甜和不甜两种。

(6) 特基拉酒(Tequila)。它是将经过发酵的龙舌兰汁和无刺仙人掌压榨成汁，蒸馏而成。

(7) 香槟酒。它是一种起泡的白葡萄酒，产自法国历史上的香槟省。据传17世纪末，由香槟省莱妙斯城山上教堂内的僧侣发明并以地名取名为香槟酒，以后逐渐遍销世界，成为世界著名佳酿。香槟酒的酒精度为12度～13度，分极干、干、半甜和极甜4种。

2. 配制酒(利口酒)

(1) 配制酒类。即广义上的葡萄酒，是世界上消费量最高的酒类，主要有红、白葡萄酒和香槟酒等，一般酒度为11度～18度。

(2) 利口酒。利口酒气味芬芳，有甜蜜的味道。一般有苦艾酒、波多酒、雪莉酒，通过调配后成为鸡尾酒。

3. 啤酒

啤酒是用大麦或其他杂类麦、糊状物，经过发酵酿制，再加上啤酒花制成的低度酒，一般酒度为8度～11度。啤酒的成分有水、酒精、碳水化合物、蛋白质、二氧化碳、矿物质等。其中，碳水化合物可提供热量，二氧化碳可使人感觉清凉舒适。啤酒可起开胃作用。鉴别啤酒好坏主要看其持泡性是否显著，优质啤酒泡多、细密、呈白色。此外，还可根据色、香、味等指标进行质量判断。

二、无酒精饮料的分类

(一) 果蔬汁饮料

果蔬汁饮料是以水果、蔬菜为原料经过物理方法如压榨、离心、萃取等得到的汁液产品。

1. 浓缩果蔬汁

浓缩果蔬汁由新鲜、成熟的果实、蔬菜直接榨出，在不加糖、色素、防腐剂、香料、乳化剂以及人工甘剂的情况下经浓缩而成，饮用时可根据需求加入适量的稀释剂，如浓缩橙汁。

2. 纯天然果汁

纯天然果蔬汁由新鲜、成熟的果实、蔬菜直接榨出，不浓缩、不稀释、不发酵。

3. 天然果浆

天然果浆是由水分较低及(或)黏度较高的果实，经破碎、筛滤后所得的稠状加工制品。

4. 发酵果汁

发酵果汁是指水果经腌渍发酵后，破碎压榨所得的果汁。

5. 果肉果汁

果肉果汁是含有少量的细碎果粒的饮料，可通过在果浆或浓缩果浆中加水、糖、酸味剂、香精等调制而成。

6. 其他蔬菜类饮料

常见的有食用菌饮料、藻类饮料、蕨类饮料。

(二) 碳酸饮料

碳酸饮料是将二氧化碳气体与不同的香料、水分、糖浆及色素结合在一起所形成的气泡式饮料。碳酸饮料中的风味物质主要是二氧化碳。二氧化碳能给人以清凉感，并能刺激胃液分泌，促进消化，增强食欲。在炎热天气饮用碳酸饮料，可降低体温。

碳酸饮料(汽水)可分为果汁型、果味型、可乐型、低热量型、其他型等，常见的有可乐、雪碧、芬达、七喜、美年达等。

(三) 乳饮料

1. 中性乳饮料

中性乳饮料是指主要以水、牛乳为基本原料，加入其他风味辅料，如咖啡、可可、果汁等，再加以调色、调香制成的饮用牛乳。其中，蛋白质含量不低于1.0%的称为乳饮料。

2. 酸性乳饮料

(1) 发酵型酸乳饮料。发酵型酸乳饮料是指以鲜乳或乳制品为原料经发酵，添加水和增稠剂等辅料，经加工制成的产品，见图1-4。其中，根据杀菌方式的不同，可分为活性乳酸菌饮料和非活性乳酸菌饮料。

图1-4 酸性乳饮料

(2) 调配型酸乳饮料。调配型酸乳饮料以鲜乳或乳制品为原料，加入水、糖液、酸味剂等调制而成，产品经过灭菌处理，它的保质期比乳酸菌饮料的保质期要长。

(四) 水

1. 饮用水

通常先从政府允许的水源处取水，然后进行过滤或用其他方法处理再装瓶。

2. 纯净水

经过蒸馏处理，去除普通水中所含的各种矿物质。

3. 天然水

天然水是指来自地下泉水或井水的饮用水。

4. 矿泉水

矿泉水是指含有适量矿物质成分的水，如钙、镁、钠、钾等。

5. 气泡水

气泡水是指任何含有二氧化碳气体的水，可以是天然的，也可以是人工的。

小资料

中国名酒简介

中国名酒是经过国家有关部门组织的评酒机构，间隔一定时期，经过严格的评定程序确定的。中国名酒代表了我国酿酒行业酒类产品的精华。中国名酒按酒的种类分别评定。在全部名酒中，白酒类名酒数量最多。下面根据酒的种类重点介绍黄酒类和白酒类的国家名酒。

一、黄酒类名酒

黄酒是中华民族的瑰宝，历史悠久，品种繁多。历史上，黄酒名品数不胜数。由于蒸馏白酒的发展，黄酒产地逐渐缩小到江南一带，产量也大大低于白酒。但是，酿酒技术精华非但没有被遗弃，在新的历史时期反而得到了长足的发展。黄酒魅力依旧，黄酒中的名品仍然家喻户晓，黄酒中的佼佼者仍然像一颗颗璀璨的东方明珠，闪闪发光。

1. 绍兴加饭酒

绍兴黄酒可谓我国黄酒中的佼佼者。自宋代以来，江南黄酒的发展进入全盛时期，绍兴酒有较大的发展，在当时的绍酒名酒中，首推“蓬莱春”为珍品。清代是绍兴酒的全盛时期，酿酒规模在全国堪称第一。目前，绍兴黄酒在出口酒中所占的比例最大，产品远销到世界各国。绍兴加饭酒在历届名酒评选中都榜上有名。加饭酒，顾名思义，是在酿酒过程中，增加酿酒用米饭的数量，相对来说，用水量较少。加饭酒是一种半干酒，酒度为15%左右，糖分含量为0.5%～3%，酒质醇厚，气郁芳香。

2. 福建龙岩沉缸酒

龙岩沉缸酒，历史悠久，现在为福建省龙岩酒厂所产。这是一种特甜型酒，酒度为14%～16%，总糖含量为22.5%～25%。内销酒一般贮存两年，外销酒需贮存三年。该酒在1963年、1979年、1983年三次荣获国家名酒称号。龙岩沉缸酒的酿法集我国黄酒酿造的各项传统精湛技术于一体。比如，龙岩酒用曲多达4种，有当地祖传的药曲，其中加入30多味中药材；有散曲，这是我国最为传统的散曲，作为糖化用曲；有白曲，这是南方所特有的米曲；红曲更是龙岩酒酿造必加之曲。龙岩酒有不加糖而甜、不着色而艳红、不调香而芬芳三大特点。酒质呈琥珀光泽，甘甜醇厚，风格独特。

二、白酒

白酒中的名酒是按香型评定的，现分为酱香型、米香型、清香型、浓香型、其他香型(董香型、凤香型、芝麻香型等)。

1. 茅台酒

茅台酒具有“酱香突出，幽雅细腻，酒体醇厚，回味悠长”的特殊风格，酒液清亮，醇香馥郁，香而不艳，低而不淡，闻之沁人心脾，入口荡气回肠，饮后余香绵绵。茅台酒最大的特点是“空杯留香好”，即酒尽杯空后，酒杯内仍余香绵绵，经久不散。茅台酒在历次国家名酒评选中，都荣获名酒称号。茅台酒还是许多重大外事活动的“见证人”，因而被誉为“国酒”“外交酒”。茅台酒的独特风味，除得益于独特的酿造技术，在很大程度上，还与产地的独特地理环境有密切关系。茅台酒厂位于赤水河畔，该水系受国家有关政策的严格保护，周围不允许建有污染源的工厂。更为独特的是，川黔一带的湿润、闷热的气候，形成了独特的微生物菌群。这些微生物在酒曲和原料上繁殖，其复杂的生物代谢机理，使茅台酒的风味成分更加复杂、协调。这是其他地方所无法比拟的。

2. 董酒

董酒产于贵州省遵义市董酒厂，1929年至1930年由程氏酿酒作坊酿出董公寺窖酒，1942年定名为“董酒”，1957年建立遵义董酒厂，1963年第一次被评为国家名酒，1979年后一直被评为国家名酒。董酒的香型既不同于浓香型，也不同于酱香型，而属于其他香型。该酒的生产方法独特，将大曲酒和小曲酒的生产工艺融合在一起。

3. 汾酒

汾酒产于山西省境内吕梁山东岳，晋中盆地西沿的汾阳市杏花村汾酒(集团)公司。作为我国白酒类的名酒，山西汾酒可以说是我国历史上最早的名酒。清代成书的《镜花缘》中所列的数十种全国各地名酒中，汾酒名列第一。在清代名士的笔记文学中，曾多次盛赞山西汾酒。汾酒属清香型白酒。

4. 五粮液

五粮液原名为“杂粮酒”，产于四川省宜宾五粮液酒厂。该酒以高粱、大米、糯米、小麦和玉米5种谷物为原料酿制而成，相传创始于明代，1929年定名为“五粮液”。五粮液酒具有“香气悠久、味醇厚、入口甘美、入喉净爽、各味协调、恰到好处”的特点。在大曲酒中，以酒味全面著称。该酒四次被评为国家名酒。

5. 泸州老窖特曲酒

作为浓香型大曲酒的典型代表，泸州老窖特曲酒以“醇香浓郁、清冽甘爽、饮后尤香、回味悠长”的独特风格闻名于世。1915年曾获巴拿马国际博览会金质奖，在历届国家评酒中均获国家名酒的称号。

6. 剑南春

剑南春产于四川省绵竹县，其前身当推唐代名酒剑南烧春。唐宪宗后期，李肇在《唐国史补》中就将剑南之烧春列入当时天下的十三种名酒之中。现今酒厂建于1951年4月。剑南春酒问世后，质量不断提高，在1979年第三次全国评酒会上，首次被评为国家名酒。

7. 古井贡酒

古井贡酒产于安徽省亳县古井酒厂。魏王曹操在东汉末年曾向汉献帝上表献过该县已故县令家传的“九酿春酒法”。据当地史志记载，该地酿酒取用的水，来自南北朝时遗存的一口古井，明代万历年间，当地的美酒又曾贡献皇帝，因而就有了“古井贡酒”的美称。古井贡酒属于浓香型白酒，具有“色清如水晶、香醇如幽兰、入口甘美醇和、回味经久不息”的特点。

8. 洋河大曲

洋河大曲产于江苏省泗阳县洋河镇洋河酒厂。洋河镇地处白洋河和黄河之间，是重要的产酒和产曲之乡。洋河大曲属于浓香型白酒。在第三届全国评酒会后，三次被评为国家名酒。

9. 双沟大曲

双沟大曲产于江苏省泗洪县双沟镇。在1984年第四次全国评酒会后，该酒以“色清透明、香气浓郁、风味协调、尾净余长”的浓香型典型风格连续两次被评为国家名酒。

10. 西凤酒

西凤酒产于陕西省凤翔县柳林镇西凤酒厂。西凤酒属其他香型(凤型)，曾四次被评为国家名酒。

资料来源：中国餐饮运营网. www.cy110.com.

学习任务三 酒的成分与生产工艺

一、酒的成分

不同的酒，因为用料不同，生产方法不同，其所含成分也不尽相同，但主要成分均为酒精、水，另含有少量的其他物质。

(一) 酒精

酒精，又名乙醇，化学分子式为CH_3-CH_2OH，英文通称“Ethanol”。常温下呈液态，无色透明，易挥发，易燃烧，刺激性较强。可溶解酸、碱和少量油类，不溶解盐类。冰点较高(-10℃)，不易冻结。纯酒精的沸点为78.3℃，燃点为24℃。酒精与水相互作用释放出热，体积缩小。通常情况下，酒度为53度的酒液中酒精分子与水分子结合得最为紧密，刺激性相对较小。

酒精在酒液中的含量除啤酒外，都用容量百分率%(D/D)来表示，这种表示法称为酒精度(简称酒度)，通常有公制和美制两种表示法。

(1) 公制酒度。公制酒度以百分比或度表示，是指在酒液温度为20℃时，每100毫升酒液中含乙醇1毫升即1%(V/V)为酒精度1度。例如，60度的五粮液在酒液温度为20℃时，100毫升酒液中含乙醇60毫升；又如，某种酒在20℃时酒精含量为38%，即称为38度。

(2) 美制酒度。国外的酒度表示方法与我国不同，如美制酒度以Proof表示，是指在20℃条件下，酒精含量在酒液内所占的体积比例达到50%时，酒度为100Proof。例如，某种酒在20℃时酒精含量为38%，即76Proof。用中国酒度表示法即为50度(一个Proof等于0.5%的酒精含量)。

另外，还有英制酒度，以Sikes表示，但较少见。

(二) 酸类物质

酒中含有少量的酸，如酒石酸、苹果酸、乳酸和少量的氨基酸。酒中酸的主要作用是增加酒的香味，防止杂菌感染，溶解色素，稳定蛋白质；但也有不好的作用，如在原料发酵过程中，如果产生过多挥发酸，就会使酒液腐败变质。

(三) 糖

糖是引起酒精发酵的主要成分，可改变酒的味道，但糖分过多，在保管中温度过高，容易再次发酵，导致变质。因此，一般情况下，葡萄酒中糖的含量不超过20%。

(四) 酯类物质

酯类物质是由醇类和酸类物质在贮藏过程中化合而成的一种芳香化合物。此化合物能增加酒的香气，但不易溶解于水。如果白酒中这类物质过多，在加浆时易产生乳白色混浊物沉淀，影响酒的质量。

(五) 杂醇油

杂醇油是几种高分子醇的混合物，有强烈的刺激性和麻醉性，一般在白酒中含量较多。杂醇油在酒液的长期贮藏中会与有机酸化合，产生一种水果香，增进酒的味道。

(六) 含氮物质

含氮物质一般是指蛋白质、硝酸盐类物质，它可以增加酒的风味口感，增强啤酒泡沫的持久性。

(七) 醛类物质

醛类物质的主要作用是使酒产生辛辣味。

(八) 矿物质

矿物质是指钾、镁、钙、铁、锰、铝等，它们以无机盐的形式存在于酒中(主要是葡萄酒)。

(九) 维生素

酒液中的维生素主要有维生素C、维生素B_1、维生素B_2、维生素B_{10}、维生素B_{12}等。

二、酒的生产工艺

从机械模仿自然界生物的自酿过程起，人类经过千百年生产实践，积累了丰富的酿酒经验。在现代各种科学技术的推动下，酿酒工艺已成为一种专门的工艺。酿酒工艺研究如何酿酒，如何酿出好酒。每一种酒品都有自己特定的酿造方法，在这些方法之中存在一些普遍的规律——酿酒工艺的基本原理。

(一) 酒精发酵

酒精的形成需要一定的物质条件和催化条件。糖分是酒精发酵最重要的物质，酶则是酒精发酵必不可少的催化剂。在酶的作用下，单糖被分解成酒精、二氧化碳和其他物质。

以葡萄糖酒化为例，则有

$$C_6H_{12}O_6 \text{——} 2CH_3CH_2OH + CO_2 + 24\text{大卡热}$$

葡萄糖　　　酒精　　　二氧化碳

此反应式是法国化学家盖·吕萨克在1810年提出的。

据测定，每100克葡萄糖理论上可以产生51.14克酒精。

酒精发酵的方法很多，如白酒的入窖发酵，黄酒的落缸发酵，葡萄酒的糟发酵、室发酵，啤酒的上发酵、下发酵等。随着科学技术的飞速发展，发酵已不再是获取酒精的唯一途径。虽然人们还可以通过人工化学合成等方法制成酒精，但是酒精发酵仍然是最重要的酿酒工艺之一。

(二) 淀粉糖化

用于酿酒的原料并不都含有丰富的糖分，而酒精的产生又离不开糖。因此，要想将不含糖的原料变为含糖原料，就需进行工艺处理——把淀粉溶解于水中，当水温超过50℃时，在淀粉酶的作用下，水解淀粉生成麦芽糖和糊精；在麦芽糖酶的作用下，麦芽糖又逐渐变为葡萄糖。这一变化过程称为淀粉糖化，其化学反应式为

$$(C_6H_{10}O_5)^n + H_2O = (C_6H_{10}O_5)^{n-2} + C_{12}H_{22}O_{11}$$

淀粉　　水　　糊精　　麦芽糖

$$C_{12}H_{22}O_{11} + H_2O = 2(C_6H_{12}O_6)$$

麦芽糖　　水　　葡萄糖

从理论上说，100公斤淀粉可掺水11.12升，生产111.12公斤糖，再产生56.82升酒精。淀粉糖化过程一般为4～6小时，糖化好的原料可以用于酒精发酵。

(三) 制曲

淀粉糖化需用糖化剂，中国白酒的糖化剂又叫曲或曲子。

用含淀粉和蛋白质的物质做成培养基(载体、基质)，并在培养基上培养霉菌的全过程即为制曲。常用的培养基有麦粉、麸皮等，根据制曲方法和曲形的不同，白酒的糖化剂可以分为大曲、小曲、酒糟曲、液体曲等种类。

大曲主要用小麦、大麦、豌豆等原料制成。

小曲又叫药曲，主要用大米、小麦、米糠、药材等原料制成。

麸曲又称皮曲，主要用麸皮等原料制成。

制曲是中国白酒重要的酿酒工艺之一，曲的质量对酒的品质和风格有极大的影响。

(四) 原料处理

为了使淀粉糖化和酒精发酵取得良好的效果，就必须对酿酒原料进行一系列处理。不同的酿酒原料的处理方法不同，常见的方法有选料、洗料、浸料、碎料、配料、拌料、蒸料、煮料等。但有些酒品的原料处理过程相当复杂，如啤酒的生产，就要经过选麦、浸泡、发芽、烘干、去根、粉碎等处理工艺。酒品的质地优劣首先取决于原料处理得好坏。

(五) 蒸馏取酒

对于蒸馏酒以及以蒸馏酒为主体的其他酒类，蒸馏是提取酒液的主要手段。

将经过发酵的酿酒原料加热至78.3℃以上，就能获取气体酒精，冷却即得液体酒精。

在加热的过程中，随着温度的变化，水分和其他物质掺杂的情况也会变化，从而形成不同质量的酒液。蒸馏温度在78.3℃以下取得的酒液称为“酒头”；蒸馏温度为78.3℃～100℃取得的酒液称为“酒心”；蒸馏温度为100℃以上取得的酒液称为“酒尾”。“酒心”杂质含量低，质量较好，为了保证酒的质量，酿酒者常有选择性地取酒，我国很多名酒均采用“掐头去尾”的取酒方法。

(六) 老熟陈酿

有些酒初制成后不堪入口，如中国黄酒和法国勃艮第红葡萄酒；有些酒的新酒品起来往往淡寡单薄，如中国白酒和苏格兰威士忌酒。这些酒都需要贮存一段时间后方能由芜液变成琼浆，这一存放过程称为老熟或陈酿。

酒品贮存对容器的要求很高，如中国黄酒用坛装泥封，放入泥土中贮存；法国勃艮第红葡萄酒用大木桶装，室内贮存；苏格兰威士忌使用橡木桶装；中国白酒用瓷瓶装，等等。无论使用什么容器贮存，均要求坚韧、耐磨、耐蚀、无怪味、密封性好，才能陈酿出美酒。老熟陈酿可使酒品挥发增醇、浸木夺色，精美优雅、盖世无双的世界名酒无不与其陈酿的方式方法有密切的关系。

(七) 勾兑

在酿酒过程中，由于原料质量的不稳定、生产季节的更换、不同的工人操作等，不可能总是获得质量完全相同的酒液，因而就需要将不同质量的酒液加以兑和(即勾兑)，以达到预期的质量要求。勾兑是指一个地区的酒兑上另一个地区的酒，一个品种的酒兑上另一个品种的酒，一种年龄的酒兑上另一种年龄的酒，以获得色、香、味、体更加协调典雅的新酒品。可见，勾兑是酿酒工艺中重要的一环。

勾兑工艺的关键是选择和确定配兑比例，这不仅要求准确地识别不同酒品千差万别的风格，而且要求将各种相配或相克的因素全面考虑进去。勾兑师的个人经验往往起着决定性作用，因此，要求勾兑师具有很强的责任心和丰富的经验。

学习任务四 酒的发展历程

一、酒的起源

酒是一种历史悠久的饮料，与人们的生活关系十分密切，欢庆佳节、婚丧嫁娶、宴请宾客时都少不了酒。它有消除疲劳、增进食欲、加快血液循环、促进人体新陈代谢的作用，适量饮酒有利于身体健康。在酒会、宴会、聚会等场合，酒能活跃气氛，增进友谊。酒还是烹调中的上等佐料，它不仅可以除腥，还可使菜肴更加美味。

中国是酒的王国，古往今来，多少文人骚客把酒临风，神驰八极，借酒抒怀，写下了数以万计的诗词歌赋，为后世留下了丰富多彩、千姿百态的酒文化。

据考古学家证明，在近现代出土的新石器时代的陶器制品中，已有了专用的酒器，这说明在原始社会，我国酿酒已很盛行。而后经过夏、商两代，饮酒的器具也越来越多。在出土的殷商文物中，青铜酒器占相当大的比重，说明当时饮酒的风气确实很盛。

在之后的文字记载中，关于酒的起源的记载虽然不多，但关于酒的记述不胜枚举。综合起来，我们主要可从三个方面了解酒的起源：酿酒起源的传说(上天造酒说、猿猴造酒说、仪狄造酒说、杜康造酒说)，考古资料对酿酒起源的佐证，以及现代学者对酿酒起源的看法。

(一) 酿酒起源的传说

在古代，人们往往将酿酒的起源归于某某人的发明，由于这些观点的影响非常大，以至成了正统的观点。对于这些观点，宋代《酒谱》曾提出质疑，认为“皆不足以考据，而多其赘说也”。虽然这些观点的真实性有待考证，但作为一种文化认同现象，不妨罗列于下。关于酒的起源，主要有以下几个传说。

1. 上天造酒说

素有“诗仙”之称的李白，在《月下独酌·其二》一诗中有“天若不爱酒，酒星不在天”的诗句；东汉末年以“座上客常满，樽中酒不空”自诩的孔融，在《与曹操论酒禁书》中有“天垂酒星之耀，地列酒泉之郡”之说；经常喝得大醉，被誉为“鬼才”的诗人李贺，在《秦王饮酒》一诗中也有“龙头泻酒邀酒星”的诗句。此外，如“吾爱李太白，身是酒星魂”“酒泉不照九泉下”“仰酒旗之景曜”“拟酒旗于元象”“因酒星于天岳”等诗句，也都提到了酒。窦苹所撰《酒谱》中，也有“酒星之作也”的语句，意思是自古以来，我国祖先就有酒是天上“酒星”所造的说法。不过就连《酒谱》的作者本身也不相信这样的传说。

《晋书》中也有关于酒旗星座的记载：“轩辕右角南三星曰酒旗，酒官之旗也，主宴飨饮食。”轩辕，我国古星名，共十七颗星，其中十二颗属狮子星座。酒旗三星，即狮子座的ψ、ε和∽三星。这三颗星，呈“1”形排列，南边紧傍二十八宿的柳宿蜍颗星。柳宿八颗星，即长蛇座δ、σ、η、P、ε、3、W、⊙八星。在明朗的夜晚，对照星图仔细在天空中搜寻，狮子座中的轩辕十四和长蛇座的二十八宿中的星宿一非常明亮，很容易找到。但酒旗三星因亮度太低或太遥远，用肉眼很难辨认。

酒旗星的发现，最早见《周礼》一书，距今已有近3000年的历史。二十八宿的说法，始于殷代而确立于周代，是我国古代天文学的伟大创造之一。在当时科学仪器极其简陋的情况下，我们的祖先能在浩渺的星汉中观察到这几颗并不十分明亮的“酒旗星”，并留下关于酒旗星的种种记载，这不能不说是一种奇迹。至于因何而命名为“酒旗星”，并认为它主宴飨饮食，那不仅说明我们的祖先有丰富的想象力，而且也证明酒在当时的社会活动与日常生活中，确实占有相当重要的位置。然而，酒自“上天造”之说，既无立论之理，又无科学论据，此乃附会之说，文学渲染夸张而已。姑且录之，仅供鉴赏。

2. 猿猴造酒说

唐人李肇所撰《国史补》一书，对人类如何捕捉聪明伶俐的猿猴，有一段极精彩的记载。猿猴是十分机敏的动物，它们居于深山野林中，在巉岩林木间跳跃攀缘，出没无常，很难活捉到它们。经过细致的观察，人们发现并掌握了猿猴的一个致命弱点，那就是“嗜酒”。于是，人们在猿猴出没的地方，摆几缸香甜浓郁的美酒。猿猴闻香而至，先是在酒缸前踌躇不前，接着便小心翼翼地用指蘸酒吮尝，时间一久，没有发现什么可疑之处，终于经受不住香甜美酒的诱惑，开怀畅饮起来，直到酩酊大醉，乖乖地被人捉住。这种捕捉猿猴的方法并非我国独有，东南亚一带的居民和非洲的土著民族捕捉猿猴或大猩猩时，也都采用类似的方法。这说明猿猴是经常和酒联系在一起的。

猿猴不仅嗜酒，而且还会“造酒”，这在我国的许多典籍中都有记载。清代文人李调元在他的著作中记叙道：“琼州(今海南岛)多猿……。尝于石岩深处得猿酒，盖猿以稻米杂百花所造，一石穴辄有五六升许，味最辣，然极难得。”清代的另一部笔记小说中也说：“粤西平乐(今广西壮族自治区东部，西江支流桂江中游)等府，山中多猿，善采百花酿酒。樵子入山，得其巢穴者，其酒多至数石。饮之，香美异常，名曰猿酒。”看来人们在广东和广西都曾发现猿猴“造”的酒。无独有偶，早在明朝时期，亦有关于猿猴“造酒”的传说的记载。明代文人李日华在他的著述中，也有过类似的记载：“黄山多猿猱，春夏采杂花果于石洼中，酝酿成酒，香气溢发，闻数百步。野樵深入者或得偷饮之，不可多，多即减酒痕，觉之，众猱伺得人，必嬲死之。”可见，这种猿酒是偷饮不得的。

这些不同时代、不同人的记载，至少可以证明这样的事实，即在猿猴的聚居处，多有类似“酒”的东西被发现。至于这种类似“酒”的东西是怎样产生的，是纯属生物适应自然环境的本能性活动，还是猿猴有意识、有计划的生产活动，倒是值得研究的。要解释这种现象，还要从酒的生成原理说起。

酒是一种发酵食品，它是由一种称为酵母菌的微生物分解糖类而产生的。酵母菌是一种分布极其广泛的菌类，在广袤的大自然中，尤其是在一些含糖分较高的水果中，这种酵母菌更容易繁衍滋长。含糖的水果是猿猴的重要食品。当成熟的野果坠落后，由于受到果皮上或空气中的酵母菌的作用而生成酒，这是一种自然现象。在我们的日常生活中，在腐烂的水果摊床附近，在垃圾堆旁，常常能嗅到由于水果腐烂而散发出来的阵阵酒味。猿猴在水果成熟的季节，收贮大量水果于“石洼中”，堆积的水果受自然界中酵母菌的作用而发酵，在石洼中将“酒”液析出。这样一来，既不影响水果的食用，又能析出“酒”，还会产生一种特别的香味供享用，长此以往，猿猴便能在不自觉中“造”出酒来，这是既合乎逻辑又合乎情理的事情。当然，从最初尝到发酵的野果到“酝酿成酒”，对猿猴来说是一个漫长的过程，究竟经过多少年代，恐怕无法说清楚。

3. 仪狄造酒说

相传夏禹时期的仪狄发明了酿酒。公元前二世纪，史书《吕氏春秋》云：“仪狄作酒。”汉代刘向编辑的《战国策》则进一步说明：“昔者，帝女令仪狄作酒而美，进之禹，禹饮而甘之，曰：‘后世必有饮酒亡其国者。’遂疏仪狄而绝旨酒(禹乃夏朝帝王)。”

史籍中有多处提到仪狄“作酒而美”“始作酒醪”，似乎仪狄乃制酒之始祖。这是否是事实，有待进一步考证。一种说法叫“仪狄作酒醪，杜康作秫酒”。这里并无时代先后之分，似乎是说他们“作”的是不同的酒。“醪”，是糯米经过发酵而成的“醪糟儿”，性温软，其味甜，多产于江浙一带，现在不少家庭仍自制醪糟儿。醪糟儿洁白细腻，稠状的糟糊可当主食，上面的清亮汁液颇近于酒。“秫”，高粱的别称。杜康作秫酒，指的是杜康造酒所使用的原料是高粱。如果硬要将仪狄或杜康确定为酒的创始人，只能说仪狄是黄酒的创始人，而杜康则是高粱酒的创始人。

还有一种说法叫“酒之所兴，肇自上皇，成于仪狄”。意思是说，自上古三皇五帝时起，就有各种各样的造酒方法流行于民间，是仪狄将这些造酒方法归纳总结出来，使之流传于后世的。能进行这种总结推广工作的，当然不是一般平民，所以有的书中认定仪狄是司掌造酒的官员，这也有一定的道理。有书记载仪狄作酒之后，禹曾经“绝旨酒而疏仪狄”，也从侧面证明仪狄是很接近禹的“官员”。

仪狄是什么时代的人呢？比起杜康，古籍中关于仪狄的记载比较一致，例如《世本》《吕氏春秋》《战国策》中都认为他是夏禹时代的人。他到底从事什么职务呢？是司酒造业的“工匠”，还是夏禹手下的臣属？他生于何地、葬于何处？关于这些，都没有确凿的史料可考。那么，他是怎样发明酿酒的呢？《战国策》中说：“昔者，帝女令仪狄作酒而美，进之禹，禹饮而甘之，遂疏仪狄，绝旨酒，曰：‘后世必有以酒亡其国者。’”这一段记载，较之其他古籍中关于仪狄造酒的记载，就算详细的了。根据这段记载，可推测情况大体是这样的：夏禹的女人令仪狄去监造酿酒，仪狄经过一番努力，造出来的酒味道很好，于是奉献给夏禹品尝。夏禹喝了之后，觉得味道的确很好。可是这位被后世人奉为“圣明之君”的夏禹，不仅没有奖励造酒有功的仪狄，反而从此疏远了他，对他不仅不再信任和重用，反而自己从此和美酒绝缘，还说后世一定会有因为饮酒无度而误国的君王。这段记载流传于世的结果是，一些人对夏禹倍加尊崇，推他为廉洁开明的君主；因为“禹恶旨酒”，竟使仪狄成为专事谄媚进奉的小人。这实在是修史者始料未及的。

那么，仪狄是不是酒的“始作”者呢？有的古籍中还有与《世本》相矛盾的说法。例如，孔子八世孙孔鲋，他认为帝尧、帝舜都是饮酒量很大的君王。黄帝、尧、舜，都早于夏禹，早于夏禹的尧、舜都善饮酒，那么他们饮的是谁制造的酒呢？可见说夏禹的臣属仪狄“始作酒醪”是不大确切的。事实上，用粮食酿酒是件程序、工艺都很复杂的事，单凭个人力量是难以完成的，仪狄“始作酒醪”似乎不大可能。如果说他是位善酿美酒的匠人、大师，或是监督酿酒的官员，他总结了前人的经验，完善了酿造的方法，终于酿出了质地优良的酒醪，这还是有可能的。所以，郭沫若说：“相传禹臣仪狄开始造酒，这是指比原始社会时代的酒更甘美浓烈的旨酒。”这种说法似乎更可信。

4. 杜康造酒说

关于杜康造酒，有一种说法是杜康“有饭不尽，委之空桑，郁结成味，久蓄气芳，本出于代，不由奇方”。意指杜康将剩饭放置在桑园的树洞里，剩饭在洞中发酵后，有芳香的气味传出。这就是酒的制法，并无什么奇异之处。由生活中的契机启发创造发明之灵感，这很合乎一些发明创造的规律。这段记载流传于后世，杜康便成为能够留心周围的小事，并能及时启动创作灵感的发明家了。

曹操在《短歌行》中曰：“何以解忧，唯有杜康。”自此之后，认为酒由杜康所创的说法似乎更多了。窦苹考据了“杜”姓的起源及沿革，认为“杜氏本出于刘，累在商为豕韦氏，武王封之于杜，传至杜伯，为宣王所诛，子孙奔晋，遂有杜氏者，士会和言其后也”。杜姓发展到杜康的时候，已经是禹之后很久的事情了，在此上古时期，就已经有“尧酒千钟”之说了。如果说酒是由杜康所创，那么尧喝的是什么人酿造的酒呢？

关于杜康，历史上确有其人。古籍中如《世本》《吕氏春秋》《战国策》《说文解字》等，都对杜康有过记载。清乾隆十九年重修的《白水县志》中，对杜康也有过较详细的记载。白水县，位于陕北高原南缘与关中平原交接处，因流经县治的一条河水底多白色头而得名。白水县，系“古雍州之城，周末为彭戏，春秋为彭衙”“汉景帝建粟邑衙县”“唐建白水县于今治”，可谓历史悠久。白水因有所谓“四大贤人”的遗址而名蜚中外：一是相传为黄帝的史官、创造文字的仓颉，出生于本县阳武村；一是死后被封为彭衙土神的雷祥，生前善制瓷器；一是我国“四大发明”之一的造纸术发明者东汉人蔡伦，不知缘何也在此地留有坟墓；最后就是相传为酿酒鼻祖的杜康的遗址了。一个黄土高原上的小小县城，是仓颉、雷祥、蔡伦、杜康这四大贤人的遗址所在地，其显赫程度不言而喻。

“杜康，字仲宁，相传为县康家卫人，善造酒。”康家卫是一个至今还存在的小村庄，西距县城七八公里。村边有一道大沟，长约十公里，最宽处一百多米，最深处也近百米，人们叫它“杜康沟”。沟的起源处有一眼泉，四周绿树环绕，草木丛生，名“杜康泉”。县志上说“俗传杜康取此水造酒”“乡民谓此水至今有酒味”。有酒味固然不确，但此泉水质清冽甘爽是事实。清流从泉眼中汩汩涌出，沿着沟底流淌，最后汇入白水河，人们称它为“杜康河”。杜康泉旁边的土坡上，有个直径五六米的大土包，以砖墙围护着，传说是杜康埋骸之所。杜康庙就在坟墓左侧，凿壁为室，供奉杜康造像，可惜如今庙与像均毁。据县志记载，往日，乡民每逢正月二十一日，都要带上供品，到这里来祭祀，组织“赛享”活动。这一天热闹非常，搭台演戏，商贩云集，熙熙攘攘，直至日落西山人们方兴尽而散。如今，杜康墓和杜康庙均在修整，杜康泉上已建好一座凉亭。亭呈六角形，红柱绿瓦，五彩飞檐，楣上绘着“杜康醉刘伶”“青梅煮酒论英雄”的故事图画。尽管杜康的出生地等均系“相传”，但据考古工作者在此一带发现的残砖断瓦考定，商、周之时，此地确有建筑物，这里产酒的历史也颇为悠久。唐代大诗人杜甫于“安史之乱”时，曾携家人来此依其舅氏崔少府，写下了《白水舅宅喜雨》等多首诗，诗句中有“今日醉弦歌”“生开桑落酒”等饮酒的记载。酿酒专家们对杜康泉水也做过化验，认为水质适于造酒。1976年，白水县人在杜康泉附近建立了一家现代化酒厂，定名为“杜康酒厂”，用该泉之水酿酒，产品名“杜康酒”，曾获得国家轻工业部全国酒类大赛的铜杯奖。

无独有偶，清道光十八年重修的《伊阳县志》和道光二十年修订的《汝州全志》中，也都有关于杜康遗址的记载。《伊阳县志》中的《水》条里，有“杜水河”一语，释曰“俗传杜康造酒于此”。《汝州全志》中说“杜康叭在城北五十里”处。今天，这里倒是有一个叫“杜康仙庄”的小村庄，人们说这里就是杜康叭。“叭”，本义是指石头的破裂声，而杜康仙庄一带的土壤又正是由山石风化而成的。从地隙中涌出许多股清冽的泉水，汇入村旁流过的一条小河中，人们称这条河为杜水河。令人感到有趣的是，在傍村的这段河道中，生长着一种长约一厘米的小虾，全身澄黄，蜷腰横行，为别处所罕见。此外，生长在这段河道上的鸭子生的蛋，蛋黄泛红，远较他处的颜色深。此地村民由于饮用这段河水，竟没有患胃病的。在距杜康仙庄北约十公里的伊川县境内，有一眼名叫“上皇古泉”的泉眼，相传杜康在此取过水。如今在伊川县和汝阳县，已分别建立了颇具规模的杜康酒厂，产品都叫杜康酒。伊川的产品、汝阳的产品连同白水的产品合在一起，年产量达一万多吨，这恐怕是杜康当年无法想象的。

史籍中还有少康造酒的记载。少康即杜康，不过是不同年代的不同称谓罢了。那么，酒之源究竟在哪里呢？窦苹认为“予谓智者作之，天下后世循之而莫能废”，这是很有道理的。劳动人民在经年累月的劳动实践中，积累了制造酒的方法，经过有知识、有远见的“智者”的归纳总结，后代人按照先祖传下来的办法一代一代地相袭相循，流传至今。这个说法比较接近实际，也是合乎唯物主义认识论的。

(二) 考古资料对酿酒起源的佐证

谷物酿酒的两个先决条件是具备酿酒原料和酿酒容器。以下几个典型的新石器文化时期的关于酒的发现对确定酿酒的起源有一定的参考作用。

1. 裴李岗文化时期(距今7600年至5900年)

2. 河姆渡文化时期(公元前5000年至公元前3300年)

上述两个文化时期，均有陶器和农作物遗存，均具备酿酒的物质条件。

3. 磁山文化时期(公元前5400年至公元前5100年)

磁山文化时期，已有发达的农业经济。据有关专家统计：在遗址中发现的粮食堆积为100m^3，折合重量为5万公斤，还发现了一些形似后世酒器的陶器。有人认为在磁山文化时期，利用谷物酿酒的可能性是很大的。

4. 河南陕西一带仰韶文化时期(距今7000年至5000年)

陕西眉县仰韶文化遗址曾出土一组陶器，共有五只小杯、四只高脚杯和一只陶葫芦，经专家鉴定确认为酒具。这表明当时人们已掌握了酿酒技艺。

5. 四川三星堆古蜀文化遗址(距今5000年至3000年)

四川三星堆古蜀文化遗址地处四川省广汉，埋藏物为公元前4800年至公元前2870年之间的遗物。该遗址出土了大量的陶器和青铜酒器，其器形有杯、觚、壶等，其形状之大在史前文物中也属少见。

6. 山东莒县陵阴河大汶口文化墓葬

1979年，考古工作者在山东莒县陵阴河大汶口文化墓葬中发掘了大量的酒器。尤其引人注意的是其中有一套组合酒器，包括酿造发酵所用的大陶尊、滤酒所用的漏缸、贮酒所用的陶瓮、煮熟物料所用的炊具陶鼎，还有各种类型的饮酒器具，共一百多件。据考古人员分析，墓主生前可能是一个职业酿酒者[王树明. 大汶口文化晚期的酿酒[J]. 中国烹饪，1987(9)]。在发掘到的陶缸壁上还发现刻有一幅图，据分析这幅图画是滤酒图。

在龙山文化时期，酒器就更多了。国内学者普遍认为在龙山文化时期，酿酒已成为较为发达的行业。

另外，从河南龙山文化遗址(距今4900至4000年)中，考古工作者发现了更多的酒器、酒具，足以证明在这个时期，酿酒技术已较为成熟。

从考古发掘和专家的论证中，我们可以肯定，在距今6000多年前的新石器时代(甚至更早)，我国就出现了酿酒工艺。而传说中造酒的中华酒始祖“仪狄”或“杜康”，则可能是在前人的基础上进一步改进了酿酒工艺，进一步提高了酒的醇度，使之更加甘美，从而使原始的酿酒逐步演变成人类有意识、有目的的酿造活动。总而言之，酿酒技术是人类在生产活动中发明创造的，是劳动人民聪明才智的结晶。

(三) 现代学者对酿酒起源的看法

1. 酒是天然产物

最近有科学家发现，在漫漫宇宙中，存在一些天体，就是由酒精组成的。它们所蕴藏的酒精，如制成啤酒，可供人类饮几亿年。这说明什么问题？说明酒是自然界的一种天然产物。人类不是发明了酒，仅仅是发现了酒。酒的最主要的成分是酒精(学名是乙醇，分子式为CH_3CH_2OH)，许多物质可以通过多种方式转变成酒精。如葡萄糖可在微生物分泌的酶的作用下，转变成酒精；只要具备一定的条件，就可以将某些物质转变成酒精，而大自然完全具备产生这些条件的基础。

我国晋代的江统在《酒诰》中写道：“酒之所兴，肇自上皇，或云仪狄，又云杜康。有饭不尽，委馀空桑，郁积成味，久蓄气芳，本出于此，不由奇方。”在这里，古人提出剩饭自然发酵成酒的观点，是符合科学道理及实际情况的。江统是我国历史上第一个提出谷物自然发酵酿酒学说的人。总之，利用谷物酿酒的工艺并非人类发明的，而是人类发现的。方心芳先生则对此做了具体的描述：“在农业出现前后，贮藏谷物的方法较为粗放。天然谷物受潮后会发霉和发芽，吃剩的熟谷物也会发霉，这些发霉发芽的谷粒，就是上古时期的天然曲蘖，将之浸入水中，便发酵成酒，即天然酒。人们不断接触天然曲蘖和天然酒，并逐渐接受了天然酒这种饮料，久而久之，就发明了人工曲蘖和人工酒。”现代科学对这一问题的解释是：剩饭中的淀粉在自然界中存在的微生物分泌的酶的作用下，逐步分解成糖分、酒精，自然转变成酒香浓郁的酒。在远古时代人们的食物中，采集的野果含糖分高，无须经过液化和糖化，最易发酵成酒。

2. 果酒和乳酒——第一代饮料酒

人类有意识地酿酒，是从模仿大自然的杰作开始的。我国古代书籍中就有不少关于水果自然发酵成酒的记载。如宋代周密在《癸辛杂识》中曾记载山梨被人们贮藏在陶缸中后竟变成了清香扑鼻的梨酒；元代的元好问在《蒲桃酒赋》的序言中也记载了某山民因避难山中，堆积在缸中的蒲桃也变成了芳香醇美的葡萄酒。古代史籍中还有所谓“猿酒”的记载，当然这种猿酒并不是猿猴有意识酿造的酒，而是猿猴采集的水果经自然发酵所生成的果酒。

远在旧石器时代，人们以采集和狩猎为生，水果自然是主食之一。水果中含有较多的糖分(如葡萄糖、果糖)及其他成分，在自然界中微生物的作用下，很容易自然发酵生成香气扑鼻、美味可口的果酒。另外，动物的乳汁中含有蛋白质、乳糖，极易发酵成酒，以狩猎为生的先民们也有可能意外地从留存的乳汁中得到乳酒。在《黄帝内经》中，记载了一种叫做“醴酪”的食物，便是我国乳酒的最早记载。根据古代的传说及对酿酒原理的推测，人类有意识酿造的最原始的酒类品种应是果酒和乳酒，因为水果的汁和动物的乳汁极易发酵成酒，所需的酿造技术较为简单。

3. 谷物酿酒始于农耕时代还是先于农耕时代

探讨谷物酿酒的起源，有两个问题值得考虑：谷物酿酒源于何时？我国最古老的谷物酒属于哪类？对于后一个问题，将在学习单元二的啤酒部分作详细介绍。

关于谷物酿酒始于何时，有两种截然相反的观点。

传统的酿酒起源观认为，酿酒技术是在农耕之后才发展起来的，这种观点早在汉代就有人提出，汉代刘安在《淮南子》中说：“清盎之美，始于耒耜。”现代许多学者也持有相同的看法，有人甚至认为当农业发展到一定程度，有了剩余粮食后，人们才开始酿酒。

另一种观点认为，谷物酿酒先于农耕时代。如在1937年，我国考古学家吴其昌先生曾提出一个很有趣的观点：我们祖先种稻种黍的最初目的，是酿酒而非做饭……吃饭实际是从饮酒中发展出来的。这种观点在国外是较为流行的，但一直没有证据。时隔半个世纪，美国宾夕法尼亚大学人类学家索罗门・卡茨博士发表论文，又提出了类似的观点，他认为人们最初种植粮食的目的是酿制啤酒，人们先是发现采集而来的谷物可以酿造成酒，而后开始有意识地种植谷物，以便保证酿酒原料的供应。他为该观点补充了以下论据。在远古时代，人类的主食是肉类不是谷物，既然人类赖以生存的主食不是谷物，那么对人类种植谷物的解释也可另辟蹊径。国外有关专家发现在一万多年前的远古时代，人们已经开始酿造谷物酒，而那时，人们仍然过着游牧生活。

综上所述，关于谷物酿酒的起源有两种主要观点，即先于农耕时代、后于农耕时代。新观点的提出，以及对传统观点进行再探讨，对研究酒的起源和发展以及促进人类社会的发展都是极有意义的。

二、酒的发展

中国是世界上酿酒历史悠久、酒业生产发达的国家之一。千百年来，中国酿酒工艺不断发展，酒的种类繁多，其中白酒已成为人们普遍接受的饮料佳品。

第一阶段：19世纪后期，我国开始了现代化葡萄酒厂的建设。著名实业家、南洋华侨富商张弼士在山东烟台开办“张裕葡萄酒公司”。这是我国第一家现代化葡萄酒厂。该公司拥有葡萄园千余亩，引入、栽培了欧美知名的葡萄品种120余种，并从国外引进了压榨机、蒸馏机、发酵机、白橡木贮酒桶等成套设备，先后酿出红葡萄酒、白葡萄酒、味美思、白兰地等16种酒。继张裕公司之后，全国其他一些地区如北京、天津、青岛、太原也相继建立了葡萄酒厂。但是，由于这一时期葡萄酒主要供洋商买办等少数人饮用，并没有获得多大发展。

同时，我国现代啤酒生产在这一时期也开始兴起。1900年，俄国人最先在哈尔滨开办啤酒厂；1903年，英国人和德国人在青岛联合开办英德啤酒公司；1912年，英国人在上海建起啤酒厂，即现在的上海啤酒厂的前身。当时，这些啤酒厂生产的啤酒也只供应外国侨居和来华的外国人，加之当时中国人对啤酒的饮用尚未习惯，以及制造啤酒用的酒花也完全依靠进口，价格昂贵，所以啤酒的产销量极其有限。

第二阶段：20世纪后期，新中国成立后，酒业生产得到迅速恢复和发展，无论是在产量、品质、制作工艺还是在科学研究等方面都有了空前的增长和提高。

为了满足市场需求，除了白酒和黄酒，从20世纪50年代起，我国啤酒产量与日俱增，到1988年，成为仅次于美国、德国的世界第三啤酒产销大国。另外，葡萄酒的产量也大大提高，配制酒、药酒的产量和品种也不断地丰富。

在酿酒原料方面，广泛开辟各种新途径，特别是改变了过去主要以糖食为原料酿造白酒的传统。目前，在白酒酿造中所用到的非粮食原料已达数百种。

在酿酒设备方面，变手工操作为机械操作，进入半自动化和自动化生产时期，并在酿酒工艺、技术方面大胆地进行了改革和创新，汲取国外先进经验，培养具有专业技术的酿酒人员，设立了有关酿酒发酵的研究所，把研究成果运用到生产中，取得了显著的效果，对整个酿酒事业的发展产生了很大的推动作用，使我国酒的产量不断增加，品质风味精益求精。如今，高税利的酒类产业已成为国家财政收入的一个重要来源。根据市场需求，近年来，国家不断调整酒类生产规划，提倡大力发展啤酒、葡萄酒、黄酒和果酒产业，扩大优质名牌白酒的生产规模，逐步增加低度白酒的生产比例，确定了酿酒业发展的新方向。

三、酒器

饮酒离不开酒器。我国饮酒历史源远流长，随着酒的产生和发展，酒器也逐步由低级、简陋向高级、华美的方向发展。各种酒器的发展，凝聚了我国劳动人民的智慧。酒器的诞生和演变，也论证了中国酒文化的发展。

我国古代的酒器不但品种繁多，而且日益精美和完善。古人对酒器非常重视，有“非酒器无以饮酒”“饮酒之器大小有度”之说。

凡是用于贮酒、量酒、温酒和饮酒的各种器皿都可称为酒器或酒具，可按不同的划分标准分为若干类。按酒器制品的原料来划分，主要有陶制品酒器、青铜制品酒器、木漆制品酒器、玉制品酒器、瓷制品酒器、金银制品酒器、玻璃制品酒器、塑料制品酒器等。还可以按酒器的用途来划分，可分为两类：盛酒酒器、饮酒酒器。

1. 盛酒酒器

(1) 卣(yǒu)，是酒器中重要的一类，如图1-5所示。至今出土了很多卣，但其所属朝代多见商朝及西周中期。卣的名称定自宋朝。《重修宣和博古图》卷九《卣总说》说：“卣之为器，中尊卣也。”《觥记注》说：“卣者，中尊也，受五斗。”卣在初期形制上的共同特征是椭圆形，大腹细颈，上有盖，盖有纽，下有圈足，侧有提梁。后来，卣受其他器形的影响，演化成各种形状，有体圆如柱的，有体如瓿的，有体方的，有作鸱鸮形四足的，有作鸟兽形的，有长颈的……其中，著名的品种较多，如西周早期的太保铜鸟卣，高23.5厘米，通体作鸟形，首顶有后垂的角，颔下有两胡，提梁饰鳞纹，有铭文“太保铸”三字。

(2) 壶。在礼器中盛行于西周和春秋战国时期，用途极广，与尊、卣同为盛酒器。《重修宣和博古图》说：“夫尊以壶为下，盖盛酒之器尔。”郑獬在《觥记注》中说：“壶者，圜器也。受十斗，乃一时也。”壶的形制多变，在商朝时多圆腹、长颈、贯耳、有盖，也有椭圆而细颈的；西周后期贯耳的少，兽耳衔环或双耳兽形的多；春秋战国时期则多无盖，耳朵蹲兽或兽面衔环。如图1-6所示为战国陶壶。秦汉以后，陶瓷酒壶、金银酒壶蔚为大观，其形状多有嘴，有把儿或提梁，体有圆形、方形等不一而足。著名品种如现藏河南省博物馆的商朝陶壶，高22厘米，口颈7.4厘米，黑皮陶，打磨光亮，有盖，长颈，鼓腹，腹径最大处靠近低部，圈足，颈后腹部有弦纹数周，形制十分精美。

(3) 角。一种圆形的酒器，同时也是量器。《吕氏春秋·纪·仲秋纪》有记载：“正钧石，齐升角。”意思是要校正量器和衡器。注说：“石、升、角皆量器也。”依次序排列，角在升之后，显然比升要小，后世酒肆卖酒时用来从坛里舀酒的长柄提子就是角。《水浒传》里的梁山泊好汉到酒店里常喊：“酒家，打几角酒。”可见，角在宋元明时代已经盛行。如图1-7所示为青铜角。

图1-5　卣

图1-6　战国陶壶

图1-7　青铜角

2. 饮酒酒器

饮酒的酒器主要有觚、觯、角、爵、杯、舟。不同身份的人使用不同的饮酒器具，如《礼记·礼器》篇明文规定：“宗庙之祭，尊者举觯，卑者举角。”

(1) 觥。一种平底、有把、口上刻有凹图形的大口酒器。《诗·周南·卷耳》有“我姑酌彼凹觥”的诗句，旧注说：“觥大七升，以凹角为之。”但并不一定是角制的。考古学家发现有铜凹，容量确比通常酒杯大，所以后人常泛称大酒杯为觥。觥如图1-8所示。

(2) 觚。觚字古与“瓠”通，即葫芦，古人常将葫芦壳当作瓢用来盛水，当然也可以盛酒，这种酒器的名称大概由此而来。觚是大口、底部缩入的酒器，它的容量，据《仪礼》郑玄注："爵，一升；觚，二升；觶(也是大口酒器)，三升；角，四升。"但也有人说角可容得三升。觚如图1-9所示。

(3) 爵。一种状似鸟雀或饰有鸟雀图形的敞口酒器，腹下有三脚。爵是一种酒器，同时也是一种礼器，君王常用它赐酒给臣下用，所以人们将它和"爵禄""爵位"联系起来。爵如图1-10所示。

图1-8　觥

图1-9　觚

图1-10　爵

四、酒的效用

(一) 酒可健身

酒的健身作用，有一定的医学依据，酒一出现便被用于医学。传统医学认为："酒乃水谷之气，辛甘性热，人心肝二经，有活血化瘀，疏通经络，祛风散寒，消积冷健胃之功效。"《本草备要》记载："少饮则和血运气，壮神御寒，遣兴消愁，辞邪逐秽，暖内脏，行药势。"现代医学认为酒"少则益，多则弊"。总之，酒少饮能增加唾液、胃液的分泌，促进胃肠消化与吸收，增进血液循环，使血管扩张、脑血流量增加，令人精神兴奋、食欲增加，还能强心提神、促进睡眠、消除疲劳。著名医学家李时珍特别看重米酒、老酒、白酒的治病功效。

根据中医的观点，酒对人的肌体及功能的调节有着十分重要的作用，具体体现为以下几方面。

(1) 酒能驱寒。

(2) 酒可增进食欲。

(3) 酒能安神镇静。

(4) 酒可舒筋活血。

(5) 酒能解毒。

(6) 酒能防治瘟疫。

果酒、黄酒、啤酒等低度酒含有丰富的营养和各种氨基酸以及维生素，经常适量小酌对身体有一定的好处。如能坚持常饮少量原汁葡萄酒，则既可强心补血、软化血管，又可治疗多种贫血症。因为葡萄酒除含糖类、醇类、酸类、蛋白质、矿物质、脂、氨基酸等人体所需的营养物质外，还含有维生素C、维生素B_6、维生素D等可促进人体发育、防止疾病产生的多种维生素。为此，有些医生建议：低血压患者每日可坚持喝15毫升葡萄酒，作为一种良好的辅助性治疗手段。啤酒，因其含有二氧化碳而具有消暑解热之功效，是夏季一种理想的清凉营养饮料。它不仅能解渴、助消化、健脾胃、振食欲，而且对某些疾病，如高血压、贫血等，均有一定的疗效。药酒，分补性酒和药性酒，前者对人体起滋补作用，能促进身体健康，它属于饮料酒；后者则是以防治疾病为主的药酒。生理学家曾测定，人在适量饮酒之后，体内的胰液素与饮酒前相比有明显增加，这种由人的胰脏分泌的消化性激素，对人体的健康是极为有利的。

随着年龄的增长，特别是进入中老年阶段，人体的各项功能开始衰退，此时，适当饮酒有益于身体健康。总之，适量饮酒，可以驱寒、增进食欲、安神镇静、舒筋活血、防疫杀菌，既有补养效果，又具有医疗保健作用。

(二) 酒是人际交往的润滑剂、友好的使者

在人们的日常生活中，酒不仅被当作一种饮料，它还是人际关系的“润滑剂”和个人的“壮胆剂”，它能起到调节人际关系的作用。中国有句俗语：“无酒不成席。”酒在我们的社会生活中无所不在，从古到今，中国人一向重视友谊，友人相逢，无论是久别重逢，还是应邀而逢，都要把酒叙情，喝个痛快。现在人们在饮酒时还编了许多酒令和酒歌，如“酒逢知己千杯少，能喝多少喝多少，能喝多不喝少，一点不喝也不好”“一杯酒，开心扇”“五杯酒，亲情胜过长江水”等。

(三) 酒能怡情

1. 酒令

饮酒行令，是中国人在饮酒时助兴的一种特有方式，是中国人的独创。它既是一种烘托、融洽饮酒气氛的娱乐活动，又是斗智斗巧、提高宴饮品位的文化艺术。酒令的内容涉及诗歌、谜语、对联、投壶、舞蹈、下棋、游戏、猜拳、成语、典故、人名、书名、花名、药名等方面的文化知识，大致可以分为雅令、通令、筹令三类。

(1) 雅令。雅令的行令方法是：先推一人为令官，或出诗句，或出对子，其他人按首令之意续令，续令必在内容与形式上相符，不然则被罚饮酒。行雅令时，必须引经据典，分韵联吟，当席构思，即席应对。这就要求行酒令者既有文采和才华，又要敏捷和机智，所以它是酒令中最能展示饮者才思的项目。在形式上，雅令有作诗、联句、道名、拆字、改字等多种形式，因此，又可以称为文字令。

(2) 通令。通令的行令方法主要为掷骰、抽签、划拳、猜数等。通令的运用范围广，一般人均可参与，很容易营造酒宴中热闹的气氛，因此较为流行。但通令撸拳奋臂，叫号喧争，有失风度，显得粗俗、单调、嘈杂。通令较为常见的行酒令方式主要有猜拳、击鼓传花。

① 猜拳。即用五个手指做成不同的姿势代表某个数，出拳时两个人同时报一个十以内的数字，以所报数字与两个手指数相加之和相等者为胜，输者须喝酒。如果两个人报的数字相同，则不计胜负，重新来一次。

② 击鼓传花。在酒宴上宾客依次坐定位置，由一人击鼓，击鼓的地方与传花的地方是分开的，以示公正。开始击鼓时，花束依次传递，鼓声一落，花束落在谁的手中，谁就得罚酒。因此，花束的传递很快，每个人都唯恐花束留在自己的手中。击鼓的人也应有一定的技巧，有时紧，有时慢，营造一种捉摸不定的气氛，从而加剧场上的紧张气氛，一旦鼓声停止，大家都会不约而同地将目光投向接花者，此时大家一哄而笑，紧张的气氛顿时消散。如果花束正好落在两个人手中，则由两人通过猜拳或其他方式决定胜负。

(3) 筹令。所谓筹令，是把酒令写在酒筹之上，抽到酒筹的人依照筹上酒令的规定饮酒。筹令运用较为便利，但是制作酒筹要费许多工夫，要做好筹签，刻写令辞和酒约。筹签多少不等，有十几签的，也有几十签的，这里列举几套比较宏大的筹令，其内涵之丰富可见一斑。

① 名士美人令。在36枚酒筹上，先写美人西施、神女、卓文君、随清娱、洛神、桃叶、桃根、绿珠、纤桃、柳枝、宠姐、薛涛、紫云、樊素、小蛮、秦若兰、贾爱卿、小鬟、朝云、琴操20枚美人筹，再写名士范蠡、宋玉、司马相如、司马迁、曹植、王献之、石崇、韩文公(韩愈)、李白、元稹、杜牧、白居易、陶谷、韩琦、范仲淹、苏轼16枚名士筹。然后分别装在美人筹筒和名士筹筒中，由女士和男士分抽酒筹，抽到范蠡者与抽到西施者交杯，而后猜拳，以此类推，抽到宋玉与神女、司马相如和卓文君、司马迁与随清娱、曹植与洛神等的男女交杯，并猜拳。

② 觥筹交错令。制筹48枚，凹凸其首，凸者涂红色，凹者涂绿色，各24枚。红筹上写清酒席间某人饮酒：酌首座一杯，酌年长一杯，酌年少一杯，酌肥者一杯，酌瘦者一杯，酌身短一杯，酌身长一杯，酌先到一杯，酌后到一杯，酌后到两杯，酌后到三杯，酌左一杯，酌左第二两杯，酌左第三三杯，酌右一杯，酌右第二两杯，酌右第三三杯，酌对座一杯，酌量大三杯，酌主人一杯，酌学子一杯，自酌一杯。绿筹上分写饮酒的方式：左分饮，右分饮，对座代饮，对座分饮，后到代饮，后到分饮，量大代饮，量大分饮，多子者代饮，多妾者分饮，兄弟代饮(年世姻盟乡谊皆可)，兄弟分饮，酌者代饮(自酌另抽)，酌者分饮，饮全，饮半，饮一杯，饮两杯，饮少许，缓饮，免饮。酒令官举筒向客，抽酒筹的人先抽红筹，红盖上若写着“自酌一杯”，则本人再抽一枚绿筹，而绿筹上若写“饮两杯”，抽筹者就得饮两杯酒；若绿筹上写着“免饮”，抽筹者即可不饮酒。如果抽酒筹的人抽到的红筹写“酌肥一杯”，则酒席上最胖的人须抽绿筹，绿筹上若写“右分饮”，则与身边右边的人分饮一杯酒；绿筹上若写“对座代饮”，则对座的人饮一杯。其他则以此类推。

2. 文人与酒

人们的喜、怒、哀、乐、悲、欢、离、合等种种情感，往往都可借酒来抒发和寄托。

我国历史上的文人，大多与酒结下了不解之缘。古今不少诗人、画家、书法家，都因酒兴致勃发，才思横溢，下笔有神，酒酣墨畅。他们不是咏酒、写酒，就是爱酒、嗜酒，特别是嗜酒的文人，大多被赋予与酒有关的雅号，比如“酒圣”“酒仙”“酒狂”“酒雄”“酒鬼”“醉翁”等，他们留下了脍炙人口的诗词歌赋、生动有趣的传说故事，一直为后人所津津乐道。

三国时期的政治家、军事家兼诗人曹操在《短歌行》中写道：“对酒当歌，人生几何？譬如朝露，去日苦多。慨当以慷，忧思难忘。何以解忧？唯有杜康。”这首诗生动地再现了曹操“老骥伏枥，志在千里”的豪迈气概和建功立业的雄心壮志，也可以说是文人“借酒消愁”的代表作。

晋代有名的“竹林七贤”，不问政治，在竹林中游宴，饮美酒、谈老庄、作文赋诗。阮籍是“竹林七贤”之一，他与六位竹林名士一起饮酒清谈，演绎了一个个酒林趣事。阮籍饮酒狂放不羁，但最令世人称道的还是他的以酒避祸，开创了以醉酒掩盖政治意图的先河。据说，司马昭想为其子司马炎向阮籍之女求婚，阮籍既不想与司马氏结亲也不愿得罪司马氏，只得以酒避祸，一连沉醉六十多天，最后靠着醉酒摆脱了这个困境。

东晋的田园诗人陶渊明写道：“酒中有深味。”他的诗中有酒，他的酒中有诗，他的诗篇与他的饮酒生活，同样有名气，为后世所称颂。他虽然官运不佳，只做过几天彭泽令，便赋“归去来兮”，但为官和饮酒的关系是那么密切，少时衙门有公田，可供酿酒，他下令全部种粳米作为酒料，连吃饭大事都忘记了。还是他夫人力争，才分出一半公田种稻，弃官后没有俸禄，于是喝酒就成了问题。然而回到四壁萧然的家，最初使他感到欣喜和满足的竟是“携幼入室，有酒盈樽”。

唐朝诗人白居易一向视诗、酒、琴为三友。他自名“醉尹”，常常以酒会友，引酒入诗，“绿蚁新醅酒，红泥小火炉。晚来天欲雪，能饮一杯无”“春江花朝秋月夜，往往取酒还独倾”，这些诗句都是他嗜酒的佐证。他一生不仅以狂饮著称，而且以善酿出名。他为官时，分出相当一部分精力研究酒的酿造。他发现酒的好坏，重要的影响因素之一是水质如何。但配方不同，也可用“浊水”酿出优质的酒。白居易上任一年多自惭毫无政绩，却为能酿出美酒而沾沾自喜。在酿酒的过程中，他不是发号施令，而是亲自参加实践。

诗仙李白，是唐代首屈一指的大诗人，自称“酒仙”。李白诗风雄奇豪放，想象力丰富，富有浓厚的浪漫主义色彩，对后世影响很大。李白一生嗜酒，与酒结下不解之缘。据统计，在李白1050首传世诗文中，说到饮酒的有170首。在他那些热烈奔放、流光溢彩的著名诗篇中，十之七八不离酒。他欣喜惬意时不忘酒，有诗句“人生得意须尽欢，莫使金樽空对月”“将进酒，杯莫停！……烹羊宰牛且为乐，会须一饮三百杯。……，钟鼓馔玉不足贵，但愿长醉不愿醒”；怀念亲友，与亲友分离时，酒又成了必不可少的寄情物，有诗句“抽刀断水水更流，举杯消愁愁更愁”；在生活中感到忧愁、伤感、彷徨之时，又要借酒排遣与抒情，有诗句“金樽清酒斗十千，玉盘珍馐值万钱，停杯投箸不能食，拔剑四顾心茫然”“醒时同交欢，醉后各分散”；在谈到功名利禄时，有诗句“且乐生前一杯酒，何须身后千载名”；即使是在怀古的诗作中也没有离开酒，“姑苏台上乌栖时，吴王宫里醉西施”，真可谓诗酒不分家。当时杜甫在《饮中八仙歌》中极度传神地描绘了李白："李白斗酒诗百篇，长安市上酒家眠。天子呼来不上船，自称臣是酒中仙。"后人称李白为"诗仙""酒仙"。为了怀念这位伟大的诗人，古时的很多酒店里，都挂着"太白遗风""太白世家"的招牌，此风曾一度流传到近代。

"白日放歌须纵酒"是唐代"诗圣"同时也是"酒圣"杜甫的佳句，据统计，在他现存的1400多首诗中，文字涉及酒的有300多首，占总量的21%。和李白一样，杜甫一生也是酒不离口，杜甫在与李白交往中，两人在一起有景共赏、有酒同醉、有情共抒，亲如兄弟，"醉眠秋共被，携手同日行"就是他们之间的友谊的最生动的写照。同样，在他壮游天下的时候，在他游历京城的时候，在他寓居成都的时候，在他辗转于长江三峡与湘江之上的时候，都始终以酒为伴。晚年的杜甫，靠朋友的接济为生，但还是拼命饮酒，以至于喝了太多酒，衰弱之躯难以承受，在一个凄凉的晚上病逝于湘江的一条破船上。

北宋著名的文豪苏轼，极其嗜酒，他在《虞美人》中写道："持杯月下花前醉，休问荣枯事。此欢能有几人知，对酒逢花不饮，待何时？"从他的"明月几时有，把酒问青天"也能感受到苏东坡饮酒的风度和潇洒的神态。苏轼一生与酒结下不解之缘，到了晚年，更是嗜酒如命。他爱酒、饮酒、造酒、赞酒，在他的作品中仿佛飘散着酒的芳香。如"明月几时有，把酒问青天""酒酣胸胆尚开张"等。大家都说，是美酒点燃了苏轼文学创作灵感的火花。"苏门四学士"之一的黄庭坚曾说，苏轼饮酒不多就烂醉如泥，可醒来后"落笔如风雨，虽谑弄皆有意味，真神仙中人"。著名的诗句"欲把西湖比西子，淡妆浓抹总相宜"就是东坡在西湖湖心亭饮酒时，在半醉半醒的状态下的乘兴之作。在他的《和陶渊明(饮酒)》诗中写道："俯仰各有态，得酒诗自成。"意指外部世界的各种事物和人的内心世界的各种思绪，千姿百态，千奇百怪，处处都有诗，一经喝酒，这些诗就像涌泉一样喷发而出，这是酒作为文学创作的催化剂的最好写照。

北宋著名散文家欧阳修是妇孺皆知的醉翁(自号)，他那篇著名的《醉翁亭记》从头到尾一直"也"下去，贯穿了一股酒气。山乐水乐，皆因为有酒。"醉翁之意不在酒，在乎山水之间也。山水之乐，得之心而寓之酒也"，这正是无酒不成文、无酒不成乐的真实写照。

南宋著名女诗人李清照的佳作《如梦令·昨夜雨疏风骤》《醉花阴·薄雾浓云愁永昼》《声声慢·寻寻觅觅》也堪称酒后佳作。"昨夜雨疏风骤，浓睡不消残酒。试问卷帘人，却道'海棠依旧'。知否，知否，应是绿肥红瘦。""薄雾浓云愁永昼……东篱把酒黄昏后，有暗香盈袖。莫道不消魂，帘卷西风，人比黄花瘦。""寻寻觅觅，冷冷清清，凄凄惨惨戚戚。乍暖还寒时候，最难将息。三杯两盏淡酒，怎敌他，晚来风急！雁过也，正伤心，却是旧时相识。"生动地表现了作者喜、愁、悲不同心态下的饮酒感受。

唐代诗人王维的《渭城曲》："渭城朝雨悒轻尘，客舍青青柳色新。劝君更尽一杯酒，西出阳关无故人。"可谓情景交融，情深意切，当时就被谱曲传唱，至今仍颇受人们的喜爱。

书法家王羲之曾在兰亭集聚文友40余人，"流觞曲水，列坐其次。虽无丝竹管弦之盛，一觞一咏""畅叙幽情"，书文作记，至今脍炙人口。

清代画派"扬州八怪"中的郑板桥、黄慎等都极爱在酒酣时乘兴作画，据说常有"神来之笔”。同一时期，《醉翁图》《穿云沽酒图》一类的绘画作品也大多属于酒后之作。

明清两朝产生了许多著名的小说家。他们在小说中都有很多关于酒事活动的生动描写。比如，施耐庵著的《水浒传》中的“景阳冈武松醉酒打猛虎”“宋江浔阳日楼酒醉题反诗”；罗贯中在《三国演义》中写道“关云长停盏施英勇，酒尚温时斩华雄”，曹操与刘备“青梅煮酒论英雄”；曹雪芹在《红楼梦》中描写“史太君两宴大观园，金鸳鸯三宣牙牌令”等。

现代文学巨匠鲁迅笔下的“咸亨酒店”，在今天还吸引着许多慕名前来参观的中外游客。他们喝绍兴老酒，吃茴香豆、豆腐干，趣味无穷，整个酒店洋溢着中国酒文化的浓郁风味。

单元小结

本单元介绍了酒水、酒与酒度、酒的分类、酒的起源等有关酒文化的知识性内容，系统地阐述了酒的成分、酒的生产工艺、酒品风格、酒的分类、酒的效用等方面的基础理论，体现了知识的实用性和先进性，也为接下来的学习奠定了基础。

单元测试

1. 如何理解酒是天然的产物？
2. 酒的发展包括哪几个阶段？
3. 酒的效用有哪些？
4. 中国白酒可分为哪几种香型？各以什么酒为代表？它们的产地在哪里？

课外实训

为客人点酒水饮品时，如何做好服务工作？

1. 为客人点酒水饮品时，应该站在主人的右手边或适当的位置，询问客人需要哪些饮品或酒水；

2. 当客人犹豫或询问我们有哪些饮品、酒水时，应马上向客人介绍餐厅供应的饮品、酒水的品种；

3. 在介绍饮品、酒水的品种时，中间应有停顿，让客人对我们介绍的品种有考虑和选择的机会；

4. 对客人所点的饮品、酒水的种类及数量，要重复一遍，以便确认；

5. 最后，礼貌地请客人稍候并尽快为客人提供饮品、酒水及相关服务。

学习单元二
发酵酒及其服务

课前导读

发酵酒(Fermented Wine)又称原汁发酵酒或酿造酒，是以水果或谷物为原料，经过直接提取或采用压榨法制成的低度酒，酒度为3.5%～12%，包括葡萄酒、啤酒、黄酒等。

学习目标

知识目标：

了解葡萄酒、啤酒、中国黄酒、清酒的概念、起源并掌握生产工艺方面的知识。

能力目标：

了解几种主要发酵酒的产地、名品并掌握其鉴别方法。

学习任务一 葡萄酒及其服务

一、葡萄酒概述

葡萄酒，是以葡萄为原料，经自然发酵、陈酿、过滤、澄清等一系列工艺流程所制成的酒精饮料。葡萄酒酒度通常为9%～12%。欧美各国习惯在就餐时饮用葡萄酒，因为蒸馏酒和配制酒酒度较高，入口会使口舌麻痹，影响味觉，从而影响对菜肴的品味，所以葡萄酒是餐厅中的主要酒品。

(一) 葡萄酒的历史

1. 外国葡萄酒历史

考古学家证明，葡萄酒文化可以追溯到公元前4世纪。起源不太明确的葡萄酒酿造技术从没有停止自身改进的步伐，而实际上，这又是一个自然的发展过程。

葡萄酒曾是一种保存时间很短的手工作坊产品。今天，葡萄酒已成为大型商业化的产品。这应归功于一些发明创造，如高质量的玻璃容器和密封的软木瓶塞，以及19世纪法国药物学家巴斯德对发酵微生物结构的发现。

葡萄酒的演进、发展和西方文明的发展紧密相连。葡萄酒大概是在古代的肥沃新月(今伊拉克一带的两河流域)地区，从尼罗河到波斯湾一带河谷的辽阔农作区域某处发现的。这个地区出现的早期文明(公元前4000至公元前3000年)归功于肥沃的土壤。这个地区也是酿酒用的葡萄最初茂盛生长的地区。随着城市的兴盛，逐渐取代了原始的农业部落，怀有野心的古代航海民族从最早的腓尼基(今叙利亚)人一直到后来的希腊、罗马人，不断地将葡萄树种与酿酒的知识传播到地中海乃至整个欧洲大陆。

罗马帝国在公元5世纪灭亡，之后分裂出来的西罗马帝国(法国、意大利北部和部分德国地区)的基督教修道院详细记载了关于葡萄的收成和酿酒的过程。这些记录帮助人们培植出最适合在特定农作区栽种的葡萄品种。公元768年至814年，统治西罗马帝国的查理曼大帝的巨大权势也影响了此后的葡萄酒发展。这位伟大的皇帝预见并规划了法国南部到德国北部葡萄园遍布的远景，位于勃艮第(Burgundy)产区的可登-查理曼顶级葡萄园也曾经是他的产业。

大英帝国在伊丽莎白一世女皇的统治下，成为海上霸主并拥有一支强大的远洋商船船队，商队通过海上贸易将葡萄酒从多个欧洲产酒国家带到英国。英国对烈酒的需求，亦促成了雪利酒、波特酒和马德拉酒类的发展。

在美国独立战争时期，法国被公认为最伟大的葡萄酒生产国家。杰斐逊(美国独立宣言起草人)曾在写给朋友的信中热情地谈及葡萄酒的等级，并且极力鼓动将欧陆的葡萄品种移植到新大陆来。这些早期在美国殖民地栽种、采收葡萄的尝试大部分都失败了，而且在美国本土的树种和欧洲的树种交流、移植的过程中，无心地将一种危害葡萄树至深的害虫带到欧洲来，导致19世纪末爆发大规模的葡萄根瘤蚜病，致使绝大多数的欧洲葡萄园毁于一旦。不过，若要说在这场灾难中有什么值得庆幸的事，那便是新农业技术的发展，以及欧洲葡萄酒酿制版图的重新划分。

自20世纪开始，农耕技术的迅猛发展使作物免于遭到霉菌和蚜虫的侵害，从而使葡萄的培育和葡萄酒的酿制逐渐变得科学化。世界各国也广泛立法来鼓励厂商出产信誉好、品质佳的葡萄酒。今天，葡萄酒在全世界气候温和的地区都有生产，并且有数量可观的不同种类的葡萄酒可供消费者选择。

2. 中国葡萄酒的历史

据考证，我国在西汉时期以前就已开始种植葡萄并生产葡萄酒了。司马迁在著名的《史记》中首次记载了葡萄酒。公元前138年，外交家张骞奉汉武帝之命出使西域，看到“宛左右以蒲陶为酒，富人藏酒至万余石，久者数十岁不败。俗嗜酒，马嗜苜蓿。汉使取其实来，于是天子始种苜蓿，蒲陶肥饶地。及天马多，外国使来众，则离宫别馆旁尽种蒲陶，苜蓿极望”(《史记·大宛列传》第六十三)。大宛是古西域的一个国家，位于中亚费尔干纳盆地。这一史料充分说明我国在西汉时期，已从邻国学习并掌握了葡萄种植和葡萄酿酒技术。《吐鲁番出土文书》中有不少史料记载了公元4至8世纪吐鲁番地区葡萄园种植、经营、租让及葡萄酒买卖的情况。从这些史料中可以看出，在当时，葡萄酒的生产规模是较大的。

东汉时，葡萄酒仍非常珍贵，据《太平御览》卷972引《续汉书》云："扶风孟佗以葡萄酒一斗遗张让，即以为凉州刺史。"足以说明当时葡萄酒的珍贵程度。

相较于黄酒，葡萄酒的酿造过程比较简化，但是葡萄原料的生产有季节性，终究不如谷物原料那么方便，因此，葡萄酒的酿造技术并未得到大面积推广。在历史上，葡萄酒的生产一直是断断续续维持下来的。在唐朝和元朝时期，葡萄酿酒的方法被引入内地，而以元朝时的规模最大，其生产主要集中在新疆一带。元朝时，在山西太原一带也有过大规模的葡萄种植和葡萄酒酿造产业，但此时的汉民族对葡萄酒的生产技术基本上是不得要领的。

汉代虽然曾引入葡萄种植及葡萄酒生产技术，但未使之传播开来。汉代之后，中原地区不再种植葡萄，一些边远地区常以贡酒的方式向后来的历代皇室进贡葡萄酒。到了唐代，中原地区对葡萄酒已是一无所知。唐太宗从西域引入葡萄，《南部新书》丙卷记载："太宗破高昌，收马乳葡萄种于苑，并得酒法，仍自损益之，造酒成绿色，芳香酷烈，味兼醍醐，长安始识其味也。"据宋代类书《册府元龟》卷970记载，高昌故址在今新疆吐鲁番东约20公里，当时其归属一直不定。唐朝时，葡萄酒表现出强大的影响力，从高昌学来的葡萄栽培技术及葡萄酒酿法在唐代延续了较长时间，以致在唐代的许多诗句中，葡萄酒的芳名屡屡出现。王翰在《凉州词》中有云："葡萄美酒夜光杯，欲饮琵琶马上催。"刘禹锡也曾作诗赞美葡萄酒，诗云："我本是晋人，种此如种玉，酿之成美酒，尽日饮不足。"白居易、李白等都曾作吟咏葡萄酒的诗。当时的胡人还在长安开设酒店，销售西域的葡萄酒。元朝统治者对葡萄酒非常喜爱，规定祭祀太庙必须用葡萄酒，并在山西的太原、江苏的南京开辟葡萄园，至元年间还在宫中建造葡萄酒室。

明代徐光启的《农政全书》中记载了我国栽培的葡萄品种：水晶葡萄，晕色带白，如着粉形大而长，味甘；紫葡萄，黑色，有大小两种，酸甜两味；绿葡萄，出蜀中，熟时色绿，至若西番之绿葡萄，名兔睛，味胜甜蜜，无核则异品也；琐琐葡萄，出西番，实小如胡椒……

(二) 葡萄酒的分类

1. 按色泽分类

(1) 白葡萄酒。白葡萄酒选择白葡萄或浅红色果皮的酿酒葡萄，经过皮汁分离，取其果汁进行发酵酿制而成。这类酒的色泽应近似无色，多呈浅黄带绿、浅黄或禾秆黄，颜色过深不符合白葡萄酒的色泽要求。

(2) 红葡萄酒。红葡萄酒选择皮红肉白或皮肉皆红的酿酒葡萄，采用皮汁混合发酵，然后进行分离陈酿而成。这类酒的色泽应呈自然宝石红色或紫红色或石榴红色等，失去自然感的红色不符合红葡萄酒的色泽要求。

(3) 桃红葡萄酒。桃红葡萄酒介于红、白葡萄酒之间，选用皮红肉白的酿酒葡萄，进行皮汁短期混合发酵，达到色泽要求后进行皮渣分离，继续发酵，陈酿成为桃红葡萄酒。这类酒的色泽呈桃红色、玫瑰红或淡红色。

2. 按含糖量分类

(1) 干葡萄酒。含糖量(以葡萄糖计)小于或等于4.0g/L，或者当总糖与总酸(以酒石酸计)的差值小于或等于2.0g/L时，含糖量最高为9.0g/L的葡萄酒为干葡萄酒。

(2) 半干葡萄酒。含糖量大于干葡萄酒，最高为12.0g/L，或者当总糖与总酸(以酒石酸计)的差值小于或等于2.0g/L时，含糖量最高为18.0g/L的葡萄酒为半干葡萄酒。

(3) 半甜葡萄酒。含糖量大于半干葡萄酒，最高为45.0g/L的葡萄酒为半甜葡萄酒。

(4) 甜葡萄酒。含糖量大于45.0g/L的葡萄酒为甜葡萄酒。

3. 按是否含二氧化碳分类

(1) 静止葡萄酒。在20℃时，二氧化碳压力小于0.05Mpa的葡萄酒为静止葡萄酒。

(2) 起泡葡萄酒。在20℃时，二氧化碳压力等于或大于0.05Mpa的葡萄酒为起泡葡萄酒。

4. 按饮用方式分类

(1) 开胃葡萄酒。开胃葡萄酒在餐前饮用，主要是一些加香葡萄酒，酒度一般在18%以上。我国常见的开胃酒有“味美思”。

(2) 佐餐葡萄酒。佐餐葡萄酒同正餐一起饮用，主要是一些干型葡萄酒，如干红葡萄酒、干白葡萄酒等。

(3) 待散葡萄酒。待散葡萄酒在餐后饮用，主要是一些加强的浓甜葡萄酒。

(三) 葡萄酒的成分

1. 葡萄

葡萄是葡萄酒最主要的酿制原料，葡萄的质量与葡萄酒的品质有紧密的联系。据统计，世界著名的葡萄品种共计有70多种，其中我国约有35个品种。葡萄主要分布在北纬53度至南纬43度的广大区域。按地理分布和生态特点可分为：东亚种群、欧亚种群和北美种群，其中欧亚种群的经济价值最高。

(1) 葡萄的成分。葡萄包括果梗与果实两个部分，果梗质量占葡萄的4%～6%，果实质量占94%～96%。不同的葡萄品种，果梗和果实的比例不同，收获季节多雨或干燥也会影响两者的比例。果梗含大量水分、木质素、树脂、无机盐、单宁，含少量糖和有机酸。由于果梗含有较多的单宁、苦味树脂及鞣酐等物质，如酒中含有果梗成分，会使酒产生过重的涩味，因此葡萄酒不能带果梗发酵，应在破碎葡萄时除去。葡萄果实包括果皮和果核两个部分：果皮含有单宁和色素，这两个成分对酿制红葡萄酒很重要。大多数葡萄的色素只存在于果皮中，因此葡萄因品种不同而形成各种颜色。果皮还含芳香成分，它赋予葡萄特有的果香味，不同品种的葡萄其香味也不同。果核含有影响葡萄酒风味的物质，如脂肪、树脂、挥发酸等。这些物质不能带入葡萄汁中，否则会严重影响葡萄的品质，所以在破碎葡萄时，应尽量避免压碎葡萄核。

(2) 葡萄的生长环境。

① 阳光。葡萄需要充足的阳光。由阳光、二氧化碳和水三者的光合作用所产生的碳水化合物，提供了葡萄生长所需要的养分，同时也是葡萄中糖分的来源。不过葡萄树并不需要强烈的阳光，较微弱的光线反而较适合光合作用的进行。除了进行光合作用外，阳光还可以提高葡萄树和表土的温度，使葡萄容易成熟。另外，黑葡萄经阳光照射可使颜色加

深并提高其口味和品质。

② 温度。适宜的温度是葡萄生长的重要因素。从发芽开始，须有10℃以上的气温，葡萄树的叶苞才能发芽。发芽以后，低于0℃的春霜会冻死初生的嫩芽。枝叶的生长也须有充足的温度，以22℃～25℃为宜，严寒和高温都会让葡萄生长的速度变慢。在葡萄成熟的季节，温度愈高则不仅葡萄的甜度愈高，酸度也会随之降低。日夜温差对葡萄的影响也很重要，要防止低温下葡萄叶苞和树根被冻死。

③ 水。水对葡萄的影响相当多元，它是光合作用的主要因素，也是葡萄根自土中汲取矿物质的媒介。葡萄树的耐旱性较强，在其他作物无法生长的干燥、贫瘠的土地上都能长得很好。一般而言，在葡萄枝叶生长的阶段需要较多的水分，成熟期则需要较干燥的天气。水和雨量有关，但地下土层的排水性也会影响葡萄树对水分的摄取。

④ 土质。葡萄园的土质对葡萄酒的特色及品质有非常重要的影响。一般葡萄树并不需要太多的养分，所以贫瘠的土地特别适合葡萄的种植。太过肥沃的土地会使葡萄树枝茂盛，反而生产不出优质的葡萄。除此之外，土质的排水性、酸度、地下土层的深度及土中含矿物质的种类，甚至表土的颜色等，也都极大地影响葡萄的品质和特色。

(3) 葡萄采摘。葡萄采摘的时间对酿制葡萄酒具有重要意义，不同的酿造产品对葡萄的成熟度要求不同。成熟的葡萄，有香味，果粒发软，果肉明显，果皮薄，皮肉容易分离，果核容易与果浆分开。一般情况下，制作干白葡萄酒的葡萄的采摘时间比制作干红葡萄酒的葡萄的采摘时间要早。因为葡萄收获早，不易产生氧化酶，不易氧化，而且葡萄含酸量高时，制成的酒具有新鲜果香味。而制造甜葡萄酒或酒度高的甜酒时，则要求葡萄完全成熟时才能采摘。

2. 葡萄酒酵母

通过酵母的发酵，可将葡萄汁制成葡萄酒。因此，酵母在葡萄酒的生产中占有很重要的地位。品质优良的葡萄酒除本身的香气外，还包括酵母产生的果香与酒香。酵母能将酒液中的糖分全部发酵，使残糖含量在4g/L以下。此外，葡萄酒酵母具有较强的二氧化硫抵抗力、较强的发酵能力，可使酒液含酒精量达到16%，且具有较好的凝聚力和较快的沉降速度，能在低温或适宜温度下发酵，以保持葡萄酒果香味的新鲜。

3. 添加剂

添加剂是指添加在葡萄发酵液中的浓缩葡萄汁或白砂糖。通常，优良的葡萄品种在适合的生长条件下可以产出合格的用于制作葡萄酒的葡萄汁，然而由于自然条件和环境等因素的影响，葡萄酒的含糖量常常不能达到理想的标准，这时需要调整葡萄汁的糖度，加入添加剂以保证葡萄酒的酒度。

4. 二氧化硫

二氧化硫是一种杀菌剂，它能抑制各种微生物的活动。由于葡萄酒酵母抗二氧化硫的能力较强，在葡萄发酵液中加入适量的二氧化硫可以促使葡萄发酵顺利进行。

(四) 葡萄酒的酿造工艺

经过数千年经验的积累，现今的葡萄酒不仅种类繁多且酿造过程复杂，其工艺流程包括以下环节。

1. 筛选

采收后的葡萄有时夹带未成熟或腐烂的葡萄，特别是在不好的年份，这种情况较为常见。为确保葡萄酒的品质，酒厂会在酿造前认真筛选。

2. 破皮

由于葡萄皮含有单宁、红色素及香味物质等重要成分，在发酵之前，特别是酿造红葡萄酒之前，必须破皮挤出葡萄肉，让葡萄汁和葡萄皮接触，以便让这些物质溶解到酒中。破皮的过程必须谨慎，以避免释出葡萄梗和葡萄籽中的油脂和劣质单宁，影响葡萄酒的品质。

3. 去梗

葡萄梗中的单宁收敛性较强，未完全成熟时常常带有刺鼻的草味，必须全部或部分去除。

4. 榨汁

酿制白葡萄酒时，要在发酵前榨汁(红酒的榨汁则在发酵后)，有时也可略过破皮、去梗的环节而直接压榨。在榨汁的过程中，必须特别注意压力不能太大，以避免苦味和葡萄梗味浸入汁中。

5. 去泥沙

压榨后的白葡萄汁通常还混有葡萄碎屑、泥沙等异物，容易引发霉变，发酵前需用沉淀的方式去除。由于葡萄汁中的酵母随时会开始酒精发酵，沉淀的环节需在低温下进行。由于酿制红酒的浸皮与发酵环节同时进行，不需要经过这个环节。

6. 发酵前低温浸皮

这个环节是新近发明的，还未被普遍采用，其目的在于增强白葡萄酒的水果香味。已有一些酒商采用这种方法酿造红酒。应用此法时，应确保在低温环境下进行。

7. 酒精发酵

酒精发酵是酿酒过程中最重要的一步，其原理可简化为以下反应式

葡萄中的糖分+酵母菌→酒精(乙醇)+二氧化碳+热量

通常葡萄糖本身就含有酵母菌。酵母菌必须处在10℃～32℃的环境中才能正常发酵。温度太低，酵母活动会变慢甚至停止；温度过高，则会杀死酵母菌，使酒精发酵完全终止。由于发酵的过程会使温度升高，温度的控制非常重要。一般白葡萄酒和红葡萄酒的酒精发酵会持续到所有糖分皆转化成酒精为止，而甜酒的制造则是在发酵的过程中加入二氧化碳使之停止发酵，以在酒中保留部分糖分。酒精浓度超过15%也会终止酵母的发酵，用酒精强化葡萄酒即运用了此原理：在发酵过程中加入酒精，使其停止发酵，以保留酒中的糖分。

8. 培养与成熟

(1) 乳酸发酵。完成酒精发酵的葡萄酒经过一个冬天的贮存，到了隔年的春天，当温度升高至20℃～25℃时会开始乳酸发酵，其化学反应式为

苹果酸+乳酸菌→乳酸+二氧化碳

乳酸的酸味比苹果酸弱很多，同时稳定性更高，所以乳酸发酵可使葡萄酒酸度降低且使其更稳定、不易变质。但并非所有的葡萄酒都会进行乳酸发酵，特别是不宜久藏的白葡萄酒，应保留高酸度的苹果酸。

(2) 橡木桶中的培养与成熟。葡萄酒发酵完成后，装入橡木桶密封，以促使葡萄酒成熟。

9. 澄清

(1) 换桶。每隔几个月，必须将贮存于桶中的葡萄酒抽换到另外一个干净的桶中，以除去桶底的沉积物，并让酒与空气接触，以避免产生难闻的还原气味。

(2) 粘合过滤。粘合过滤是利用阴阳电子结合的特性，产生过滤沉淀的效果。通常在酒中添加含阳电子的物质，如蛋白、明胶等，与葡萄酒中含阴电子的悬浮杂质粘合，使之沉淀，以达到澄清的效果。

(3) 过滤。经过过滤的葡萄酒会变得稳定清澈，但过滤的过程会在一定程度上降低葡萄酒的浓度、影响葡萄酒的特殊风味。

(4) 酒石酸的稳定。葡萄酒中的酒石酸遇冷会形成结晶状的酒石酸化盐，虽无关酒的品质，但有些酒厂为了美观，还是会在装瓶前在-4℃的低温环境中对其进行处理。

(五) 葡萄酒的命名

1. 以庄园的名称命名

以庄园的名称作为葡萄酒的名称，是生产商保证葡萄酒质量的一种承诺。

所谓庄园，系指葡萄园或大别墅。该类酒的命名标准是该酒所涉及的葡萄种植、采收、酿造和装瓶等环节都在同一庄园内进行。这类命名方法多见于法国波尔多地区出产的红、白葡萄酒。例如，莫高庄园(Chateau Margau)、拉特尔庄园(Chateau La. Tour)、艺甘姆庄园(Chateau de Yquem)等。

2. 以产地名称命名

以产地名称命名的葡萄酒，其原料必须全部或绝大部分来自该地区。例如，夏布丽(Chablis)、莫多克(Medoc)、布娇莱(Beaujolais)等。

3. 以葡萄品种命名

这是指以作为葡萄酒原料的优秀葡萄品种命名的葡萄酒。例如，雷司令(Riesling)、霞多丽(Chardonnay)、赤霞珠(Cabernet Sauvignon)等。

4. 以同类型名酒的名称命名

借用名牌酒名称也是葡萄酒命名的类型之一。此类酒一般都不是名酒产地的产品，但属于同一类型，因此酒名前必须注明该酒的真实产地。例如，美国出产的勃艮第、夏布丽葡萄酒，都借用法国名酒产品的名称。

(六) 葡萄酒标示

1. 酒标

酒标用以标志某厂、某公司所产或所经营的产品。多使用风景名胜、地名、人名、花卉名，以精巧优美的图案标示在酒标的重要部位。它不允许重复，一经注册，即为专用，受法律保护。

2. 酒度及容量

酒度及容量在酒标的下角(左或右)标出。例如，酒度是12度，即ALc，12%BYVOI(按体积计)；容量为750毫升，即Cent，750ml。

3. 含糖量

为了标明酒的含糖量，可用表2-1所示的字档，以中等大的字体标出。如不标明“干”或“甜”型，即为干型酒。含糖量在酒标中的表示法如表2-1所示。

表2-1　含糖量在酒标中的表示法

中文	英文	法文	每升含糖量
天然(未加工的)	Nature	Brut	4克以下
绝干	Extra-Dry	Extra-Sec	4克以下
干	Dry	Sec	8克以下
半干	Semi-Dry	Demi-Sec	8～12克
半甜	Semi-sweet	Demi-Doux	12～50克
甜	Sweet	Doux	50克以上

4. 酿酒年份(Vintage)

由于法国或其他种植葡萄的地区的天气、土壤、温度等自然条件不稳定，葡萄的质量也不稳定，自然会影响酒的品质。标明年份有助于消费者辨明这一年的土壤、气候、温度等自然条件对葡萄的生长是否有利，以及所收获的葡萄的质量如何。好年份酿造的葡萄酒自然也是最好的，极具收藏价值，当然价格不菲。

5. A.O.C

原产地控制命名的葡萄酒，亦称A.O.C葡萄酒。在法国，为了保证原产地葡萄酒的优良品质，这些酒必须经过严格审查后方可冠之以原产地的名称，这就是“原产地名称监制法”，简称A.O.C法。A.O.C法有其独特的功效，不但使法国葡萄酒的优良品质得以保持，而且可以防止假冒，保护该葡萄酒的名称权。A.O.C法对涉及葡萄酒生产的各个领域都有严格的规定，并且每年都有品尝委员会进行检查，对合格者发放A.O.C的使用证明。因此，A.O.C葡萄酒是法国最优质的上等葡萄酒。

根据A.O.C法的规定，A.O.C葡萄酒必须满足以下条件：以本地的葡萄为原料，按规定选择葡萄品种，符合有关酒度的最低限度，符合关于生产量的规定。为了防止生产过剩和质量降低，A.O.C法对每一个地区每一公顷的土地生产多少葡萄都有严格的规定。同时，要求必须符合特定的葡萄栽培方法，如修剪、施肥等。另外，必须采用符合规定的酿造方法，有时甚至对A.O.C葡萄酒的贮藏和陈酿条件进行严格限制。

A.O.C级酒在标签上注明“Appellation…Controlee”字样，中间为原产地的名称。例如，Appellation Bordeaux Controlee或Appellation Medoc Controlee。产地名可能是省、县或村，其中“县”比“省”佳、“村”比“县”佳，也就是说，区域越小，质量越佳。

葡萄酒标签如图2-1所示。

图2-1　葡萄酒标签识别

(七) 葡萄酒的贮存

葡萄酒的贮存至关重要，贮存得当会延长酒的寿命，提高酒质，避免酒变质遭受损失。葡萄酒的贮存应注意以下几点。

(1) 要存放在阴凉的地方，最好保存在10℃～13℃的恒温状态下。温度过低会使葡萄酒的成熟过程停止，而温度太高又会加快其成熟速度，缩短酒的寿命。

(2) 保持一定的湿度。空气过分干燥，酒瓶的软木塞会干缩，空气就会进入瓶内，导致酒质变坏。所以，存放在酒窖或酒柜内的葡萄酒多是将酒平放或倒立，以使酒液浸润软木塞。

(3) 避免强光照射。阳光直射，会使葡萄酒的颜色变黄。因此，通常用深棕色或绿色瓶装酒。

(4) 勿将葡萄酒与油漆、汽油、醋、蔬菜等放在一起贮存，否则，这些物品的气味很容易被葡萄酒吸收，破坏酒香。

(5) 避免震动，防止酒液变浑浊，影响酒的质量。

(八) 葡萄酒的饮用与服务

1. 葡萄酒的饮用温度

不同的葡萄酒，有不同的适宜饮用温度，具体情况如下所述。

(1) 干型、半干型白葡萄酒的适宜饮用温度为8℃～10℃。

(2) 桃红酒和轻型红酒的适宜饮用温度为10℃～ 14℃。

(3) 利口酒的适宜饮用温度为6℃～90℃。

(4) 鞣酸含量低的红葡萄酒的适宜饮用温度为15℃～16℃。

(5) 鞣酸含量高的红葡萄酒的适宜饮用温度为16℃～18℃。

2. 葡萄酒的品评

(1) 观色。主要包括以下几种情况。

干白葡萄酒：麦秆黄色，透明、澄清、晶亮。

甜白葡萄酒：麦秆黄色，透明、澄清、晶亮。

干红葡萄酒：近似红宝石色或本品种的颜色(不应有棕褐色)，透明、澄清、晶亮。

甜红葡萄酒(包括山红葡萄酒)：红宝石色，可微带棕色或本品种的正色，透明、晶亮、澄清。

(2) 闻香。轻轻摇动酒杯，将杯中的酒摇醒，使酒散发香味。

干白葡萄酒：有新鲜愉悦的葡萄果香(品种香)兼浓郁的酒香。果香和谐细致，令人清新愉快，不应有醋味。

甜白葡萄酒：有新鲜愉悦的葡萄果香(品种香)兼浓郁的酒香。果香和酒香配合和谐、细致、轻快，不应有醋味。

干红葡萄酒：有新鲜愉悦的葡萄果香及浓郁的酒香，香气协调、馥郁、舒畅，不应有醋味。

甜红葡萄酒(包括山红葡萄酒)：有愉悦的果香及浓郁的酒香，香气协调、馥郁、舒畅，不应有醋味及焦糖气味。

(3) 品味。主要包括以下几种情况。

干白葡萄酒：完整和谐、轻快爽口、舒适洁净，不应有橡木桶味及异杂味。

甜白葡萄酒：甘绵适润、完整和谐、轻快爽口、舒适洁净，不应有橡木桶味及异杂味。

干红葡萄酒：酸、涩、利、甘、和谐、完美、丰满、醇厚、爽利、浓烈幽香，不应有氧化感及橡木桶味和异杂味。

甜红葡萄酒(包括山红葡萄酒)：酸、涩、甘、甜、完美、丰满、醇厚、爽利、浓烈香馥、爽而不薄、醇而不烈、甜而不腻、馥而不艳，不应有氧化感、过重的橡木桶味和异杂味。

3. 葡萄酒病酒识别

葡萄酒病酒的主要产生原因是微生物病害、化学质变。

(1) 微生物病害。微生物病害主要表现为：表面结薄膜，酒味酸涩发苦，寡淡无味，酒液发浑、发黏，像油脂一样，有大量气体溢出，有胶状沉积产生。

(2) 化学质变。化学质变主要表现为酒液浑浊，触氧变色，有沉淀和异味。通常情况下，红葡萄酒病酒呈棕褐色，白葡萄酒病酒呈黄色。

4. 葡萄酒与菜肴搭配

(1) 葡萄酒与西式菜肴的搭配。

带糖醋调味汁的菜肴：应配以酸性较高的葡萄酒，如长相思。

鱼类菜肴：主要根据调味汁来决定。奶白汁的鱼菜可选用干白葡萄酒；浓烈的红汁鱼则配醇厚的干红葡萄酒；霞多丽干白葡萄酒则适宜搭配熏鱼。

油腻和奶糊状菜肴：宜搭配中性和厚重架构的干白葡萄酒，如霞多丽；辛辣刺激性菜肴，宜配冰凉的葡萄酒。

(2) 葡萄酒与中式菜肴的搭配。

清淡口味冷菜，如炸土豆条、萝卜丝拌海蜇、糟毛豆、姜末凉拌茄子、蒜香黄瓜、素火腿、小葱皮蛋豆腐、凉拌海带丝、白斩鸡等，宜搭配白葡萄酒。

浓郁口味冷菜，如咸菜毛豆、油炸臭豆腐、香牛肉雪菜、冬笋丝、黄泥螺、糖醋辣白菜、糖醋小排骨、鳗鱼香、酱鸭掌等，宜搭配红葡萄酒。

清淡口味河鲜，如泥鳅烧豆腐、清炒虾仁、清蒸河鳗、清蒸鲥鱼、盐水河虾、清蒸刀鱼、蒸螃蟹、葱油鳊鱼、醉鲜虾等，宜搭配白葡萄酒。

浓郁口味河鲜，如红烧鳝段、红烧鳜鱼、烧螺蛳、酱爆黑鱼丁、油焖田鸡、豆瓣牛蛙、红鲫鱼塞肉、葱烧河鲫鱼、炒虾蟹等，宜搭配桃红葡萄酒和白葡萄酒。

清淡口味肉禽，如榨菜肉丝、冬笋烧牛肉、魔芋烧鸭、韭黄烧鸡丝、清蒸鸭子、韭黄烧肉、冬笋炒肉丝、蘑菇鸭掌、虾仁豆腐等，宜搭配桃红葡萄酒和白葡萄酒。

辛辣口味风味菜，如宫保鸡丁、水煮牛肉、椒盐牛肉、椒麻鸡、油淋仔鸡、干烧鱼片、回锅肉、红油腰花、鱼香肉丝等，宜搭配红葡萄酒。

清淡口味海鲜，如葱姜肉蟹、炒乌鱼球、生炒鲜贝、滑炒贵妃蚌、刺身三文鱼、蛤蜊炖蛋、葱姜海瓜子等，宜搭配白葡萄酒。

浓郁口味海鲜，如糖醋黄鱼、茄汁大明虾、干烧鱼翅、红烧鲍鱼、干烧明虾、红烧海参、蚝油干贝、红烧鱼肚、红烧螺片等，宜搭配红葡萄酒和白葡萄酒。

5. 葡萄酒服务

用餐巾擦一下瓶口，然后用右手握紧瓶身，将标签朝向主人，在主人的杯中倒入约30ml葡萄酒，让主人试酒，倒酒时瓶身不要碰到杯身，瓶口不能与杯口接触(注意：餐桌上如有多个葡萄酒杯，则小杯倒白葡萄酒，大杯倒红葡萄酒)。在主人试酒确认后，从主人右边第一位客人开始逐次为客人斟酒。在所有杯子都斟完后，应将白葡萄酒放在冰桶内，如果客人有要求，也可以直接放在餐桌上；应将红葡萄酒放在服务台上或餐桌上。切下的铝箔及木塞不应留在餐桌上或是放在冰桶里，应放在口袋中然后丢在垃圾桶里。

服务人员在提供红酒服务时可衬上一条餐巾以增加美感；对于放在冰桶中的白葡萄酒，可以在冰桶上盖上一条餐巾。

巡视客人的酒杯，当杯中酒水少于1/3时应该为客人添酒。一瓶酒斟完后，应询问主人是否再加一瓶同样的酒，或者是再从葡萄酒单上选择另一种餐酒。如果加的是同样的酒，除非主人有要求，否则可以不更换杯子，但也有一些餐厅要求客人再试一次餐酒，只需打开瓶塞，重复试酒的程序即可。如果加的是不同的餐酒，则需在更换杯子后，重复试酒的服务程序。

小资料

如何识别法国葡萄酒的标签

所有的法国葡萄酒都会将其相关信息标注在酒瓶的标签上，如图2-2所示。无论列于何种等级，标签上都必须标注以下有关内容。

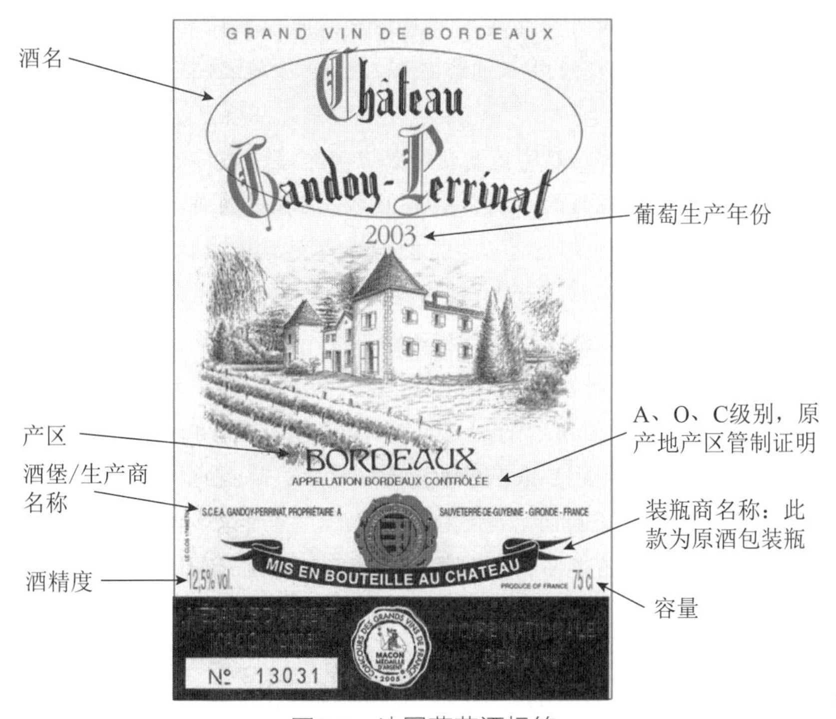

图2-2　法国葡萄酒标签

(1) 所属命名。Vin De Table(普通餐酒)、Vin De Pays(地区餐酒)、V.D.Q.S(优良地区餐酒)或A.O.C(法定产区酒)。

(2) 瓶装者的名称与地址。

(3) 定容量法。此容器预定能装的液体容量，以公升(l)、厘升(cl)、毫升(ml)表示。

(4) 酒精含量。以容量百分比表示。数据之后须注明单位“%vol”。

当我们选购法国葡萄酒时，一定要注意酒瓶上的标签所标示的信息，以选择适合的葡萄酒。

在法国葡萄酒的4个分级中，等级最高的是A.O.C葡萄酒。葡萄酒的等级不同，酒标的记载方式也不同。下文中，我们将说明如何辨认A.O.C葡萄酒的酒标，若能了解这种酒标，也就大致可以看懂其他等级葡萄酒的酒标了。

首先，A.O.C标示生产地名的范围越小，则等级越高。法国产的葡萄酒，除了阿尔萨斯，都以产地名作为葡萄酒名。例如，在波尔多地方产的葡萄酒，就以Bordeaux作为酒名。然后，从生产者着手，作进一步的区分。标示生产地名的范围越小，规定越严格，品质也越高。同样是A.O.C等级的葡萄酒，标示地区名梅铎克(Medoc)的葡萄酒要比标示地方名波尔多(Bordeaux)的葡萄酒更高级；而标有村名的葡萄酒则更高一级；如果标注为波尔多葡萄酒，且加上酒庄名称，则更为高级；如除了酒庄名又加上“Grand Cru”制分级标示，则属最高级的葡萄酒。

此外，通过产地名也可看出究竟。我们不需要完全看懂酒标上的内容，如能知道产地名及生产者名，就大致可以了解这瓶酒的品质。首先，记住重要的产地名。例如，看到玛歌(Margaux)时，最好能知道那是位于波尔多(Bordeaux)的梅铎克地区(Medoc)的一个村庄。酒标上所记载的其余内容，几乎所有的葡萄酒都类似，所以只要能记住几个特殊用语就可以了，常见的有以下几种。

第一种，标示地方名的A.O.C葡萄酒。例如像波尔多酒或布根地酒这种只标注了地方名的葡萄酒，是指使用该地采收的葡萄，酿造出波尔多风味或布根地风味等极具地方特色的葡萄酒。

第二种，地方名中加上地区名的A.O.C葡萄酒。如梅铎克(Medoc)及格雷夫(Graves)这种有标示地的葡萄酒，是指酿造方法及最低酒精浓度等符合各地区规定的葡萄酒。

第三种，地区名中加上村庄名的A.O.C葡萄酒。这是符合A.O.C最严格的规定的葡萄酒，风味更为独特。要记住所有的村庄名是不可能的，玛歌村(Margaux)、宾雅克村(Pauillac)等已为大家所熟知，对于其他地方，最好对应葡萄酒的特色一并记下来。

第四种，标有酒庄名或葡萄园名的A.O.C葡萄酒。在波尔多等地方，标有酒庄名的葡萄酒，比标有村庄名的葡萄酒还高级。这是因为酒庄的范围比村庄还小，酿造的葡萄酒极具特色。布根地酒则标示了葡萄园名，这也是最高级的葡萄酒。在布根地，有些葡萄酒曾在地区名后面标注“Villages”，这只在某些自古就有的葡萄栽种地区才允许使用。

在北梅铎克地区出产的葡萄酒，曾有“Haut-Medoc”的标示。“Haut-Medoc”是“上梅铎克”的意思，特别是上梅铎克地区产的葡萄酒曾有这样的标示。该地区有很多盛产优良葡萄品种的村庄，葡萄酒的品质等级也很高，为了和单纯标示“梅铎克”的葡萄酒有所区别，特意冠上“Haut-Medoc”之名。

资料来源：http://tieba.baidu.com/p/494801342.

二、中国葡萄酒

(一) 中国葡萄酒概述

我国是一个以白酒消费为主的国家，葡萄酒的生产和消费一直处于很低的水平。新中国成立时，葡萄酒的年产量还不足200吨，1981年才超过10万吨，1984年超过15万吨，到1993年，葡萄酒的年均产量才达到25万吨左右。1994年，国家为调整葡萄酒产品结构，促进我国葡萄酒产品质量向国际水平靠近，颁布了含汁量100%的葡萄酒产品国家标准和含汁量为50%以上的葡萄酒行业标准，同时取消了含汁量为50%以下的葡萄酒的生产。此后，我国优质葡萄酒的产量有较大增长。

近年来，我国葡萄酒工业发展迅速。全国第五次工业普查结果显示，1995年底，我国共有葡萄酒企业240多家。从1996年起，全国新增葡萄酒企业200多家，估计总数近500家。1997年，全国生产葡萄酒的省、市、自治区达到26个，企业小、生产分散、兼营厂家多是最突出的特点，产量过万吨的企业仅有张裕、长城、王朝和威龙4家。

随着我国大中城市葡萄酒消费热潮的兴起，我国葡萄酒的进口数量激增。1996年达到5 930吨；1997年达到39 670吨，是1996年的6.7倍、1995年的51倍；1998年，葡萄酒的进口数量持续增长，达到49 840吨，以后逐年增加。而国内葡萄酒的出口量每年仅有3 000～4 000吨，进出口量形成巨大反差。

(二) 中国葡萄酒的分类

1. 根据口味和含糖量分类

(1) 干葡萄酒(每升含糖量小于4克)。

(2) 半干葡萄酒(每升含糖量为4～12克)。

(3) 半甜葡萄酒(每升含糖量为12～50克)。

(4) 甜葡萄酒(每升含糖量大于50克)。

2. 根据色泽分类

(1) 红葡萄酒。

(2) 玫瑰色葡萄酒。

(3) 白葡萄酒。

(三) 中国葡萄酒主要产地

1. 渤海湾地区

华北北半部的昌黎、蓟县丘陵山地，天津滨海区，山东半岛北部丘陵等地受渤海湾地区海洋气候的影响，雨量充沛。土壤有沙壤、棕壤和海滨盐碱土。优越的自然条件使这里成为我国著名的葡萄产地，其中，昌黎的赤霞珠、天津滨海区的玫瑰香、山东半岛的霞多丽和品丽珠等品种都在国内久负盛名。渤海湾地区是我国较大的葡萄酒生产区。著名的酿酒公司有中国长城葡萄酒有限公司、天津王朝葡萄酿酒有限公司、青岛市葡萄酒厂、烟台威龙葡萄酒有限公司、烟台张裕葡萄酒有限公司和青岛威廉彼德酿酒公司。

此外，宣化、涿鹿、怀来等地地处长城以北，光照充足，昼夜温差大，夏季凉爽，气候干燥，雨量偏少。土壤为褐土，地质偏沙，多丘陵山地，十分适合葡萄生长。主要葡萄品种有龙眼葡萄，近年来已推广栽培赤霞珠和甘美等著名葡萄品种。该地区的酿酒公司有北京葡萄酒厂、北京红星酿酒集团、秦皇岛葡萄酿酒有限公司和中化河北地王集团公司等。

2. 豫皖地区

安徽萧县，河南兰考、民权等地的气候偏热，年降水量800mm以上，并集中在夏季，因此夏季的葡萄生长旺盛。近年来，通过引进赤霞珠等晚熟葡萄品种、改进栽培技术等措施，葡萄酒品质不断提高。著名的葡萄酒厂有河南民权五丰葡萄酒有限公司和陕西丹凤酒厂。

3. 山西地区

汾阳、榆次、清徐及西北山区气候温凉，光照充足，年平均降水量为450mm。土壤为沙壤土，含砾石。葡萄栽培在山区，着色极深。国产龙眼是当地的特产，近年来，赤霞珠和美露也开始用于酿酒。著名的葡萄酒厂有山西杏花村葡萄酒有限公司、山西太极葡萄酒公司。

4. 宁夏地区

贺兰山东部分布着广阔的平原，是西北新开发的最大的葡萄酒生产基地。这里天气干旱，昼夜温差大，年降水量为180～200mm。土壤为沙壤土，含砾石。目前，种植的葡萄品种有赤霞珠和美露。当地著名的酒厂有宁夏玉泉葡萄酒厂等。

5. 甘肃地区

武威、民勤、古浪、张掖是我国新开发的葡萄酒产地。这里气候冷凉干燥，年平均降水量约为110mm。由于热量不足，冬季寒冷，适于早、中熟葡萄品种的生长。近年来，该地区开始种植黑比诺、霞多丽等葡萄品种。该地区著名的酒厂有甘肃凉州葡萄酒业责任有限公司。

6. 新疆地区

新疆吐鲁番盆地四面环山，热风频繁，夏季温度极高，可达45℃以上。这里雨量稀少，是我国无核白葡萄的生产和制干基地。该地区种植的葡萄含糖量高、酸度低、香味不足，制成的干味酒品质欠佳；但甜葡萄酒极具特色，品质优良。

7. 云南地区

云南高原海拔1500米的弥勒、东川、永仁及与四川接壤的攀枝花，土壤多为红壤和棕壤。光照充足，热量丰富，降水适时，上年11月至下年6月是明显的旱季。云南弥勒年降水量为330mm，四川攀枝花为100mm，尤其适合葡萄的生长和成熟。当地著名的酿酒公司有云南高原葡萄酒公司。

(四) 中国著名葡萄酒

1. 烟台红葡萄酒

(1) 产地。烟台“葵花”牌红葡萄酒，原名“玫瑰香葡萄酒”，是山东烟台张裕葡萄酿酒公司的传统名牌产品。

(2) 历史。烟台红葡萄酒早在1914年即已行销海内外，迄今已有90多年的历史。爱国华侨、实业家张弼士于清朝光绪十八年(1892年)买下了烟台东山和西山3 000亩荒山，又两次从欧洲引进蛇龙珠、解百纳、玛瑙红、醉诗仙、赤霞珠等120个优良红、白葡萄品种，开辟葡萄园，并投资创建了张裕酿酒公司。

(3) 特点。烟台红葡萄酒是一种本色本香、质地优良的纯汁红葡萄酒。酒度为16%，酒液鲜艳透明，酒香浓郁，口味醇厚，甜酸适中，清鲜爽口，具有解百纳、玫瑰香葡萄特有的香气。

(4) 功效。烟台红葡萄酒酒中含有单宁、有机酸、多种维生素和微量矿物质，是益神延寿的滋补酒。

(5) 工艺。烟台红葡萄酒以著名的玫瑰香、玛瑙红、解百纳等优质葡萄为原料，经过压榨、去渣皮、低温发酵、木桶贮存、多年陈酿后，再经勾兑、下胶、冷浆、过滤、杀菌等工艺处理而成。

(6) 荣誉。烟台红葡萄酒于1914年在南京南洋劝业会上荣获最优等奖状；1915年在巴拿马万国商品赛会上荣获金质奖章；在第一、二、三、四届全国评酒会上，均被评为国家名酒；于1980年、1983年两次荣获国家优质产品金质奖章；在1984年的轻工业部酒类质量大赛中荣获金杯奖。

2. 烟台味美思

(1) 产地。烟台味美思产于山东烟台张裕葡萄酿酒公司。

(2) 历史。味美思源于古希腊。在很早的时候，希腊人喜欢在葡萄酒内加入香料，以增加酒的风味。到了罗马时代，罗马人对配方进行改进，称之为“加香葡萄酒”。17世纪，一个比埃蒙人首先将苦艾引入南部，酒厂将苦艾作为酿造加香葡萄酒的配料，又取名“苦艾葡萄酒”。后来条顿人进入南欧，将这种酒又改称为“味美思”，原意是人们饮用此酒“能保持勇敢精神”。这个美名传遍欧洲各国，后来，中国也称之为“味美思”。

(3) 特点。烟台味美思属于甜型加料葡萄酒，酒度一般为17.5%～18.5%，酒液呈棕褐色，清澈透明兼有水果酯香和药材芳香，香气浓郁协调。该酒味甜、微酸、微苦，柔美醇厚。

(4) 功效。烟台味美思具有开胃健脾、祛风补血、帮助消化、增进食欲的功效，故又称为“强身补血葡萄酒”“健身葡萄酒”“滋补药酒”。此外，该酒还常被当作配制鸡尾酒的基酒。

(5) 工艺。烟台味美思以山东省大泽山区出产的优质龙眼、雷司令、贵人香、白羽、白雅、李将军等葡萄品种为原料，专用自流汁和第一次压榨汁酿制，贮藏两年后再与藏红花、龙胆草、公丁香、肉桂等名贵中药材的浸出汁相调配，并加入原白兰地、糖浆和糖色，来调整酒度、口味和色泽，最后经冷冻澄清处理而成。

(6) 荣誉。烟台味美思于1914年在南洋劝业会上获最优等奖状；1915年在巴拿马万国商品赛会上，荣获金质奖章和最优等奖状；在全国第一、二、三、四届评酒会上，均被评国家名酒。

3. 河南民权葡萄酒

(1) 产地。民权葡萄酒产于河南民权葡萄酒厂。

(2) 历史。河南省民权葡萄酒的历史可谓源远流长。传说，早在两千多年前，我国古代的大哲学家庄子，最喜欢喝土法酿造的河南省民权葡萄酒。河南省的民权县四季分明、土地肥沃，自古以来就是盛产葡萄的地方。民权酿酒有限公司累积酿造葡萄酒的丰富经验已达半世纪之久，因此，生产的葡萄酒早已闻名中外。

(3) 特点。河南省民权葡萄酒是一种果香新鲜、酒香绵长的甜白葡萄酒。颜色呈麦秆黄色，清亮透明，酸甜适中，酒度为12%，含糖量每升为12克。

(4) 工艺。河南省民权葡萄酒是用白羽、红玫瑰、季米亚特、巴米特等优良品种酿制而成的。

(5) 荣誉。民权葡萄酒自1962年投放市场以来，质量不断提高，1963年获国家优质酒称号，1979年获国家名酒殊荣。

4. 中国红葡萄酒

(1) 产地。北京东郊葡萄酒厂出品。

(2) 特点。中国红葡萄酒属甜型葡萄酒，酒度为16%。酒液呈红棕色，鲜丽透明；有明显的葡萄果香和浓郁的酒香；口味醇和、浓郁、微涩；酒香谐和持久。该酒堪与国际上同类型的高级葡萄酒相媲美。

(3) 工艺。中国红葡萄酒是在原五星牌红葡萄酒的基础上不断改进和提高工艺配制而成的，经过破碎、发酵、陈酿、调配环节，并用冷加工和热处理的方法加速了酒的老熟。制作中不仅选用长期贮存的优质甲级原酒做酒基，而且加入多种有色葡萄原酒，使之在色泽、酒度、糖度等方面达到较高的水平。最后，贮存期满的酒经过再过滤、杀菌、检验，才可供应上市。

(4) 荣誉。中国红葡萄酒于1963年、1979年和1983年均获得国家名酒称号。

5. 沙城干白葡萄酒

(1) 产地。河北省沙城县。

(2) 特点。沙城干白葡萄酒属不甜型葡萄酒，酒度为16%。酒液淡黄微绿，清亮有光，香美如鲜果；口味柔和细致，怡而不滞，醇而不酽，爽而不涩。

(3) 工艺。沙城干白葡萄酒采用当地优质龙眼葡萄为原料，加入纯种酵母发酵。陈酿两年之后，再经勾兑、过滤环节，装瓶贮存半年以上方可出厂。

(4) 荣誉。沙城干白葡萄酒于1977年问世。此酒一经上市即崭露头角，次年出口，立即受到国际市场的欢迎。1979年和1983年连续荣获国家名酒称号，为国内外宴会常用酒。

6. 王朝半干白葡萄酒

(1) 产地。王朝半干白葡萄酒产于中法合营的天津王朝葡萄酿酒有限公司。

(2) 特点。天津王朝半干白葡萄酒属不甜型葡萄酒。色微黄带绿，澄清透明，果香浓郁，酒香怡雅；酒味舒顺爽口，纯正细腻，有新鲜感；酒体丰满，典型完美，突出麝香型风格。

(3) 工艺。王朝半干白葡萄酒采用优质麝香型葡萄贵人香、佳美等世界名种葡萄，运用国际上最先进的酿造白葡萄酒的工艺技术和设备，经过软压取汁、果汁净化、控温发酵、除菌过滤、恒温瓶贮、典雅包装等工艺环节，精工酿制而成。

(4) 荣誉。王朝半干白葡萄酒问世不久即于1983年在第四届全国(葡萄酒和黄酒)评酒会上荣获国家名酒称号；其后，又先后在1984年民主德国莱比锡国际评酒会、南斯拉夫卢比尔亚那国际评酒会和1989年比利时布鲁塞尔第27届评酒会上荣获金奖；获国家首批绿色食品称号；2006年1月首批通过国家酒类质量认证。

三、法国葡萄酒

(一) 法国葡萄酒起源

法国得天独厚的气候条件，有利于葡萄生长，但不同地区，气候和土壤条件也不尽相同。因此，法国可种植几百种葡萄。其中，最有名的品种有酿制白葡萄酒的霞多丽和苏维浓，酿制红葡萄酒的赤霞珠、希哈、佳美和海洛。

法国葡萄酒的起源，可以追溯到公元前6世纪。当时腓尼基人和克尔特人首先将葡萄种植和酿造业传入现今法国南部的马赛地区，葡萄酒成为人们佐餐的奢侈品。到公元前1世纪，在罗马人的大力推动下，葡萄种植业很快在法国的地中海沿岸盛行，饮酒成为时尚。然而，在此后的岁月里，法国的葡萄种植业几经兴衰。公元92年，罗马人逼迫高卢人摧毁了大部分葡萄园，以保护亚平宁半岛的葡萄种植和酿酒业，法国葡萄种植和酿造业遭遇了第一次危机。公元280年，罗马皇帝下令恢复种植葡萄的自由，葡萄种植和酿造业进入重要的发展时期。1441年，勃艮第公爵禁止用良田种植葡萄，葡萄种植和酿造业再度萧条。1731年，路易十五国王取消上述部分禁令。1789年，法国大革命爆发，葡萄种植不再受到限制，法国的葡萄种植和酿造业终于进入全面发展的阶段。历史的反复、求生的渴望、文化的熏染以及大量的品种改良和技术革新，推动法国葡萄种植和酿造业日臻完善，最终走进了世界葡萄酒极品的神圣殿堂。

(二) 法国葡萄酒的等级划分

法国拥有一套严格和完善的葡萄酒分级与品质管理体系。在法国，葡萄酒被划分为以下4个等级。

1. 日常餐酒(Vin de Table)

日常餐酒由来自法国单一产区或数个产区的酒调配而成，产量约占法国葡萄酒总产量的38%。日常餐酒品质稳定，是法国大众餐桌上最常见的葡萄酒。此类酒的酒精含量不得低于8.5%或9%，不得超过15%。酒瓶标签标示为“Vin de Table”，如图2-3所示。

图2-3　日常餐酒酒瓶标签图

2. 地区餐酒(Vin de Pays)

地区餐酒由最好的日常餐酒升级而成。法国绝大部分的地区餐酒产自南部地中海沿岸。它的产地必须与标签上所标示的特定产区一致，而且要选用被认可的葡萄品种。最后，还要通过专门的法国品酒委员会核准。酒瓶标签标示为“Vin de Pays+产区名”，如图2-4所示。

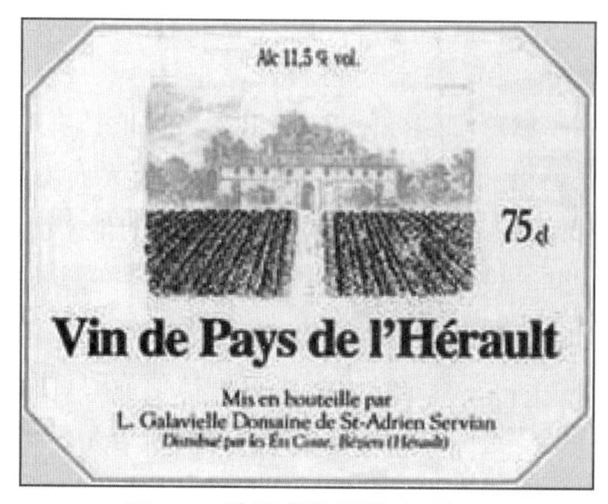

图2-4　地区餐酒酒瓶标签图

3. 优良地区餐酒(V.D.Q.S)

优良地区餐酒等级介于地区餐酒和法定地区葡萄酒之间，产量只占法国葡萄酒总产量的2%。这类葡萄酒的生产受到法国原产地名称管理委员会的严格控制。酒瓶标签标示为“Appellation+产区名+Qualite Superieure”，如图2-5所示。

图2-5　优良地区餐酒酒瓶标签图

4. 法定地区葡萄酒(A.O.C)

A.O.C是最高等级的法国葡萄酒，产量大约占法国葡萄酒总产量的35%。这类酒所选用的葡萄品种、最低酒精含量、最高产量、培植方式、修剪以及酿制方法等都受到最严格的监控。只有通过官方分析和化验的法定产区的葡萄酒才可获得A.O.C证书。正是这种非常严格的规定才确保了A.O.C等级的葡萄酒始终如一的高贵品质。在法国，每一个大的产区里又分很多小的产区。一般来说，产区越小，葡萄酒的质量就越高。酒瓶标签标示为

"Appellation+产区名+Controlee"，如图2-6所示。

图2-6　法定地区葡萄酒酒瓶标签图

(三) 法国葡萄酒产区

1. 波尔多区(Bordeaux)

波尔多区是法国最受瞩目也是最大的A.O.C等级葡萄酒产区。从一般清淡可口的干白酒到顶级城堡酒庄出产的浓重醇厚的高级红酒都有出产。该区所产的红葡萄酒无论在色、香、味还是在典型性上均属世界一流，尤以味道醇美柔和、爽净而著称，凭其悦人的果香和永存的酒香，被誉为"葡萄酒王后"。

1) 莫多克分区(Medoc)(红葡萄酒)

(1) 地理位置。莫多克位于波尔多市北边，气候温和，有大片排水良好的砾石地，是赤霞珠(Cabernet-Sauvignon)红葡萄的最佳产区。

(2) 葡萄酒特点。莫多克出产酒色浓黑、口感浓重的耐久存红酒，需存放多年才能饮用，St.Es-tephe、Pauillac、St.Julien及Margaux是最著名A.O.C产酒村庄。

(3) 名品。主要有以下几种。

① 拉菲特酒(Chateau Lafitte—Rothschild)。此酒色泽深红清亮，酒香扑鼻，口感醇厚、绵柔，以清雅著称，属干型，最宜陈酿久存，越陈越显其清雅之风格，以11年以上酒龄者为最佳，是世界上罕见的好品种。

② 玛尔戈酒(Margaux)。玛尔戈酒被冠之以"波尔多最婀娜柔美的酒"，酒液呈深红色，酒体协调、细致，各种风格体现得恰到好处，属干型，早在17世纪就出口到英国。

③ 拉杜尔酒(Chateau Latoul)。拉杜尔酒酒质丰满厚实，越陈越能体现其纯正坚实、珠光宝气的风格，属干型，早在18世纪就已出口到英国。

2) 圣·爱美里昂分区(St.Emillion)(红葡萄酒)

(1) 地理位置。圣·爱美里昂较靠近内陆的红酒产区，美露葡萄的种植比例较高，比莫多克产的葡萄圆润可口。产区范围大，分成一般的St.Emillion和较佳的St.Emillion Grand Cru，后者还分三级，最佳的是St.Emillion Ier Grand Eru Class6，属久存型的名酿。

(2) 葡萄酒特点。该分区的红葡萄酒色深而味浓，是波尔多葡萄酒中最浓郁的一种，成熟期漫长。

(3) 名品。圣·爱美里昂分区的葡萄酒名品主要有乌绍尼堡(Chateau Ausone)和波西鲁荷堡(Chateau Beausejour)两种。

3) 葆莫罗尔分区(Pomerol)(红葡萄酒)

(1) 地理位置。葆莫罗尔位于吉伦特河的右边，是著名的白葡萄酒产区，主要种植美露葡萄。

(2) 葡萄酒特点。葆莫罗尔只产红酒，以高比例的美露葡萄酒著称，虽强劲浓烈，但口感圆润丰美，较早成熟，亦耐久存。因产区小，所以价格昂贵。

(3) 名品。葆莫罗尔分区的葡萄酒名品主要有北京鲁堡(Chatan Petrus)和色旦堡(Vieux Chateau Certan)两种。

4) 格哈夫斯分区(Graves)(红、白葡萄酒)

(1) 地理位置。格哈夫斯位于波尔多市的南边，红、白葡萄酒皆产。

(2) 葡萄酒特点。白葡萄酒以混合Semillon和Sauvignon Blanc葡萄酿成，是波尔多区最好的干白酒产区，口感圆润丰厚。红酒以Cabernet-Sauvignon为主，口感紧涩，常带一点土味。以北边的Pessac-Léognan区内所产的酒的品质最好，所有列级酒庄都位于此区内。

(2) 名品。格哈夫斯分区的葡萄酒名品主要有奥·伯里翁堡(Chateau Haut-Brion)(红、白)、长堡尼克斯堡(Chateau Carbonnieux)(红、白)、多美·席娃里厄(Domaine De Chevatier)(红、白)三种。

5) 索特尼分区(Sautenes)(甜白葡萄酒)

(1) 地理位置。索特尼位于波尔多的西南部，具有悠久的历史，是优质白葡萄酒的著名产区，出产世界著名的高级甜葡萄酒的葡萄庄园帝琴葡萄庄园(Chateau Yquem)就位于该区。

(2) 葡萄酒特点。索特尼是波尔多区内最佳的甜白酒产区，因特殊的自然环境，葡萄收成时表面长有贵腐霉，这让葡萄的糖分浓缩，同时发出特殊的香味，酿成的白酒甜美圆润，香气十分浓郁，适合久存。

(3) 名品。索特尼分区的葡萄酒名品主要有艺甘姆堡(Chateau De Yquem)，此酒被誉为“甜型白葡萄酒的最完美代表”。其风格优雅无比，色泽金黄华美，清澈透明，口感异常细腻，味道甜美，香气怡然。此酒越老口感越佳，由于精工细制、控制产量，身价较高，它也是世界最贵的葡萄酒之一。

6) 波尔多区主要的A.O.C葡萄酒

白葡萄酒：长相思(Bordeaux Sauvignon Blanc)、赛芙蓉(Bordeaux Semillon)、玛斯凯特(Bordeaux Muscadelle)、巴萨克(Bordeaux Barsac)、索特尼(Bordeaux Sauterne)。

红葡萄酒：梅鹿特(Bordeaux Merlot)、品丽珠(Bordeaux Cabernet Flanc)、赤霞珠(Bordeaux Cabernet Sauvingon)、圣·爱美里昂(Bordeaux St-Emillion)、索特尼(Bordeaux Sautene)。

2. 勃艮第地区(Burgundy)

勃艮第地区出产举世闻名的红、白葡萄酒，有相当悠久的葡萄种植传统，每块葡萄园都经过精细的分级。最普通的等级是Bourgogue，之上有村庄级Communal、一级葡萄园Ler Cru以及最高级别的特级葡萄园Grand Cru。由北到南分，主要产区有如下几个。

1) 夏布利(Chablis)

(1) 地理位置。夏布利位于第戎市西北部，距第戎市约60公里。该地区种植著名的霞多丽葡萄，能生产颜色为浅麦秆黄、口感非常干爽的白葡萄酒。

(2) 葡莓酒的特点。夏布利所产的葡萄酒以口感清新淡雅、酸味明显的霞多丽闻名，该酒常带矿石香气，适合搭配生蚝或贝类海鲜。

(3) 名品。夏布利地区的葡萄酒名品主要有霞多丽(Chablis Chardonnary)、巴顿·古斯提(Chablis Barton＆Guestier)。

2) 科多尔(Cotes D Or)

(1) 地理位置。科多尔由两个著名的葡萄酒区组成：科德·内斯(Cote De Nuits)和科特·波讷(Cote De Beaune)。科德·内斯附近的内斯·圣约翰(Nuits St Georges)、拉·山波亭(Le Chambertin)和拉·马欣尼(Le Musigny)等地都生产各种优质的葡萄酒。道麦尼·德·接·德罗美尼·康迪地区(Domaine De La Romanee Conti)以生产价格昂贵的高级葡萄酒而著称。由于科多尔中部的土质、气候和环境原因，格沃雷·接山波亭(Gevrey Chambertin)、莫雷·圣丹尼斯(Morey St Denis)、仙伯雷·马斯格尼(Chambolle Musigny)和沃斯尼·罗曼尼(Vosne Romane)等村庄及内斯·圣约翰(Nuits St Goeorges)村周围的葡萄园都种植著名的黑比诺葡萄(Pinot Noir)，从而为该地区生产优质葡萄酒奠定了良好的基础。

(2) 葡萄酒特点。科多尔北部(Cote De Nuits)是全球最佳的Pinot Noir红酒产区，该品种具有优雅、细致又浓烈、丰郁的特性。

(3) 名品。科多尔地区的葡萄酒名品主要有豪特·科特葡萄酒(Hautes Cotes)。

3) 布娇莱(Beaujolais)

(1) 地理位置。布娇莱位于勃艮第酒区的最南端。该地区仅种植味美、汁多的甘美葡萄。所生产的葡萄酒有宝祖利普通级葡萄酒(Beaujolais)、宝祖利普通庄园酒(Beaujolais-Villages)。

(2) 葡萄酒特点。布娇莱产出的红葡萄酒味淡而爽口，以新鲜、舒适和醇柔著称。

(3) 名品。布娇莱地区的葡萄酒名品主要有黑品乐(Beaujolais Pinot Noir)、佳美(Beaujolais Gamay)、乡村布娇莱(Beaujolais Villages)、佛罗利(Fleurie)。

4) 布利付西(Pouilly Fuisse)

(1) 地理位置。布利付西位于卢瓦尔的中部，是卢瓦尔人最骄傲的酒区。该区气候温和，地势陡峭，土壤中含有钙和硅的成分，很多著名的白葡萄酒，都是以该地区的夏维安白葡萄为原料酿成的。

(2) 葡萄酒特点。布利付西是勃艮第白葡萄酒的杰出代表产品，该地出产的葡萄酒呈浅绿色，光滑平润，清雅甘洌，鲜美可口，属干型。

(3) 名品。布利付西地区的葡萄酒名品主要有马贡·霞多丽(Macon Chardonnay)、马贡·白品乐(Macon Pinot Blanc)、马贡·佳美(Macon Gamay)、马贡·黑品乐(Macon Pinot Noir)。

四、其他国家葡萄酒

(一) 意大利葡萄酒

意大利生产的葡萄酒是全国性的，其最大的特点是种类繁多、风味各异。意大利葡萄酒与意大利民族一样，开朗明快，热烈而感情丰富。

著名的红葡萄酒有斯瓦维(Soave)、拉菲奴(Ruffino)、肯扬地(Chianti)、巴鲁乐(Barolo)等。干红、白葡萄酒有噢维爱托(Orvieto)，古典红葡萄酒有肯扬地(Chianti)。

(二) 德国葡萄酒

德国以产于莱茵(Rhein)和莫泽尔(Moselle)的白葡萄酒最为著名。莱茵河和莫泽尔河两岸都盛产葡萄，酿酒者即以河为酒名。

莱茵酒成熟、圆润且带甜味，用棕色瓶装；莫泽尔酒清澈、新鲜、无甜味，用绿色瓶装。德国葡萄酒的种类繁多，以美国为主要出口对象。

(三) 美国葡萄酒

美国葡萄酒的主要产地是加利福尼亚州。此外，还有新泽西州、纽约州、俄亥俄州。

由于美国各葡萄园严格控制土壤的含水量、酸碱度及养分，使得每一年的葡萄几乎在相同的环境下生长，酒品几乎可以确保年年一致。美国葡萄酒品质稳定，生产量大，但特色不突出。著名的品牌有夏布利(Almaden Chablis)、佳美布娇莱(Gamy Beaujolais)、纳帕玫瑰酒(The Christian Brothers Napa Rose)、品乐霞多丽(Pinot Chardonnay)、BV长相思(BV Sauvignon Blanc)、赤霞珠(Pan Masson Cabernet Sauvignon)、雷司令(Johannisberg Riesling)。

(四) 澳洲葡萄酒

澳洲被称为葡萄酒的新世界，这是因为当地葡萄酒厂勇于创新，能酿制出与众不同的澳洲葡萄酒。

澳洲生产葡萄酒的省份为新南威尔士(New South Wales)、维多利亚(Victofia)、南澳大利亚(South Australia)和西澳大利亚(Western Australia)。其中，最重要的产区为南澳大利亚，当地的地理位置及纬度均类似酒乡——法国波尔多(介于纬度30～50度之间)。但其气候较温暖，日照充分，所以能酿造出酒气浓郁、平顺、易入口的葡萄酒。

澳洲葡萄酒既有用产地名称命名的，也有以葡萄品种命名的。许多著名的酿酒厂都拥有自己的葡萄园。著名的红葡萄酒以赤霞珠为原料，而优质的白葡萄酒则以雷司令、霞多丽等葡萄品种为原料。

澳洲葡萄酒的另一个特色是混合两种或两种以上的葡萄品种来酿酒。凭借这种做法，澳洲人创造出独具澳洲风味的葡萄酒。最常见的是赤霞珠和西拉(Syrah)品种的混合。这一点在酒的正标或背标上，一定会清楚地标明。大部分澳洲葡萄酒，不论在口感上还是在价格上，都能符合国内消费者的要求。

五、香槟酒

香槟酒是世界上最富吸引力的葡萄酒，是最高级的酒精饮料。

(一) 香槟酒的起源

据说在18世纪初叶，Dom Perignon修道院的葡萄园的负责人——贝力农，因为某一年葡萄的产量减少，就把还没有完全成熟的葡萄榨汁后装入瓶中贮存。贮存期间，因为葡萄酒不断受到发酵中所产生的二氧化碳的压迫，于是就变成发泡性的酒。

由于瓶中充满气体，在拔除瓶塞时会发出悦耳的声响，香槟酒也因此成为圣诞节等喜庆活动中不可或缺的酒。

(二) 香槟酒的生产工艺

香槟酒的酿造工艺复杂且精细，具有独到之处。制作流程：每年10月初，葡萄被采摘下来，挑选合格的原料榨汁，汁液流入不锈钢酒槽中澄清12小时，而后装桶，进行第一次发酵。第二年春天，把酒装入瓶中，而后放置在10℃的恒温酒窖里，开始长达数月的第二次发酵。翻转酒瓶是香槟酒酿造过程中的一个重要环节。翻转机每天转动八分之一周，使酒中的沉淀物缓缓下沉至瓶口。六周后，打开瓶塞，瓶内的压力将沉淀物冲出。为了填补沉淀物流出酒瓶中出现的空缺，需要加入含有糖分的添加剂。添加剂的多少决定了香槟酒的三种类型——原味、酸味和略酸味，而后再封瓶，继续在酒窖中缓慢发酵。这个过程一般持续3～5年。

香槟酒的重要特点之一是由产于不同年份的多种葡萄配制而成，一般将紫葡萄汁和白葡萄汁混合在一起，将年份不同的同类酒掺杂在一起。至于混合的方法、配制的比例，则是各家酒厂概不外传的秘诀。

(三) 香槟酒的分类

香槟酒依据其原料即葡萄品种的不同，可分为以下两种。

(1) 用白葡萄酿造的香槟酒称“白白香槟”(Blanc De Blanc)；

(2) 用红葡萄酿造的香槟酒称“红白香槟”(Blanc De Noir)。

(四) 香槟酒的命名

香槟来自法文“Champagne”的音译，意思是香槟省。香槟省位于法国北部，气候寒冷且土壤干硬，但阳光充足，在此地种植的葡萄适宜酿造香槟酒。

香槟酒以产地命名，因此，只有以法国香槟省所产的葡萄为原料生产的气泡葡萄酒才能称为“香槟酒”，其他地区产的此类葡萄酒只能称为“气泡葡萄酒”。根据欧盟的规定，欧洲其他国家的同类气泡葡萄酒也不得称为“香槟”。

(五) 香槟酒的特点

1. 香槟酒的年份

(1) 不记年香槟：香槟酒如不标明年份，说明它是装瓶12个月后出售的。

(2) 记年香槟：香槟酒如果标明年份，说明它是葡萄采摘若干年后出售的。

2. 香槟甜度划分

(1) 天然Brut：含糖量最少，口感酸。

(2) 特干Extra Sec：含糖量次少，口感偏酸。

(3) 干Sec：含糖量少，口感有点酸。

(4) 半干Demi-Sec：口感半甜半酸。

(5) 甜Doux：口感甜。

通常情况下，甜香槟或半干香槟比较适合中国人的口味。

3. 香槟酒的品质

香槟酒一般呈黄绿色，部分呈淡黄色，斟酒后略带白沫，细珠升腾，色泽透亮，果香浓于酒香，酒气充足，被誉为“酒中皇后”。

香槟酒如果气泡多且细，气泡持续时间长，则说明香槟品质好。

(六) 香槟酒的品评

色鲜明亮，协调，有光泽。

透明澄清，澈亮，无沉淀，无浮游物，无失光现象。

打开瓶塞时声音清脆，响亮。

香型为果香，酒香柔和、轻快，没有异味。

味醇正、协调、柔美、清爽、香馥，后味杀口、轻快，余香有独特风味。

(七) 香槟的饮用与服务

1. 香槟酒与菜肴搭配

香槟酒不仅可以作为开胃酒，还能与不同的菜肴以及甜品搭配。粉红香槟酒可以配法国美食中的鹅肝、火腿或家禽，亦可以配中国美食中的红烧肉；而白葡萄香槟酒可以配法国美食中的羊羔肉，亦可配中国美食中的清蒸鱼和白灼虾等。

2. 香槟酒的饮用温度

香槟酒无论是作为开胃酒饮用还是与菜肴搭配饮用，其最佳饮用温度为8℃～10℃，饮用前可在冰桶里放20分钟或在冰箱里平放3小时。

3. 香槟酒服务

(1) 点酒选杯。客人点了香槟酒后，服务人员首先要在餐桌上放上适当的杯子(窄口香槟杯)。

(2) 示瓶。服务人员用餐巾托瓶身放在左手手掌上，标签朝向客人以便认读，应口头介绍一遍，让客人确认。

(3) 开瓶。客人确认所点的酒后，准备开瓶。香槟酒瓶中的气体含有很强的冲力，特别是在摇晃以后，强力冲出的瓶塞可能会伤到客人。所以开瓶时必须十分小心，千万不要将瓶口对着自己或客人的脸，瓶口应该朝向天花板。在开瓶的过程中，可以将瓶口倾斜，这样能减少气体对瓶塞的冲力。用左手握住酒瓶呈45度，用右手拉开扣在瓶口的铁圈。去掉铝箔及铁圈时，同时用左手拇指压住瓶塞。拿一条餐巾放在右手掌心，隔着餐巾握住瓶塞，用左手握住瓶身，右手轻轻转动木塞，木塞在压力的作用下便会弹到右手的餐巾中。

(4) 倒酒。用餐巾擦一下瓶口。用右手握紧瓶身，将标签朝向客人。在主人的杯中倒入30ml让主人试酒。另一种握法是用右手四指贴住瓶身，大拇指扣住香槟瓶身的凹陷处倒酒。

在主人试酒确认后，从主人右边第一位客人开始按顺时针方向(绕过主人)逐次为客人斟酒(不要超过酒杯的2/3)，最后为主人添酒。斟酒时可以停顿一下，以免泡沫溢出酒杯。

如客人无特殊要求，酒瓶应放在冰桶内，瓶身可用餐巾包住以增强美观效果。

在客人用餐过程中，应巡视杯子并及时为客人添酒，斟完后应询问客人是否再加一瓶。

(八) 世界著名香槟

世界著名香槟品牌，主要有宝林歇(Bollinger)、梅西埃(Mercier)、海德西克(Heidsieck Monopole)、莫姆(Mumm)、库葛(Krug)、泰汀歇(Taittingter)。

学习任务二　啤酒及其服务

啤酒(Beer)是用麦芽、啤酒花、水、酵母发酵而来的含二氧化碳的低酒精饮料的总称。我国最新的国家标准规定：啤酒是指以大麦芽(包括特种麦芽)为主要原料，加酒花，经酵母发酵酿制而成的，含二氧化碳的、起泡的、低酒度(3.5%～4%)的各类熟鲜啤酒。

一、啤酒的起源和发展

在所有与啤酒有关的记录中，数伦敦大英博物馆内的“蓝色纪念碑”的板碑最为古老。这是公元前3000年左右，住在美索不达米亚地区的幼发拉底人留下的一些具有重要史料价值的文字。从文字的内容可以推断，在当时，啤酒已经走进他们的生活，并极受欢迎。另外，在公元前1700年左右制定的《汉谟拉比法典》中，也可以找到和啤酒有关的内容。由此可知，在当时的巴比伦，啤酒已经在人们的日常生活中占有很重要的地位。公元六百年左右，新巴比伦王国已有啤酒酿造业的同业组织，并且开始在酒中添加啤酒花。

此外，古埃及人和苏美尔人也开始大量生产啤酒供人饮用。在公元前3000年左右所著的《死者之书》里，曾提到酿啤酒这件事，而金字塔的壁画上也处处可看到栽培大麦及酿造啤酒的画面。

由石器时代初期的出土物品，我们可以推测，在现在的德国附近曾有酿造啤酒的文化。但是，当时的啤酒和现在的啤酒大不相同。据说，当时的啤酒是用未经烘烤的面包浸水，以此发酵而成的。

在啤酒发展初期，人们一直沿用古法制作，后来，在长期的实践过程中人们发现，制作啤酒时，如果要让它准确且快速地发酵，只要在酿造过程中添加含有酵母的泡泡就行了，但是要将本来浑浊的啤酒变得清澈且带有一些苦味，需要花费相当大的心思。到了7世纪，人们开始添加啤酒花。进入15—16世纪，啤酒花已普遍地用于啤酒酿造。进入中世纪，由于产生一种“啤酒是液体面包”“面包为基督之肉”的观念，导致教会及修道院也开始酿造啤酒。在15世纪末期，以慕尼黑为中心的巴伐利亚的部分修道院，开始用大麦、啤酒花及水来酿造啤酒。从此之后，啤酒花成为啤酒不可或缺的原料。16世纪后半期，一些移民到美国的人士也开始栽培啤酒花并酿造啤酒。进入19世纪后，冷冻机的发明、科学技术的推动，促使啤酒酿造业获得更快的发展。

与远古时期的苏美尔人和古埃及人一样，我国远古时期的醴也是用谷芽酿造的，即所谓的蘖法酿醴。《黄帝内经》中记载了一些有关醪醴的文字；商代的甲骨文中也记载了由不同种类的谷芽酿造的醴；《周礼·天官·酒正》中有“醴齐”之说。醴和啤酒在远古时代应属同一类型的含酒精量非常低的饮料。由于时代的变迁，用谷芽酿造的醴消失了，但口味类似醴、用酒曲酿造的甜酒却保留下来。在古代，人们也称甜酒为醴。今人普遍认为中国自古以来就没有啤酒，但是，根据古代的资料，我国很早就掌握了蘖的制造方法，也掌握了用蘖制造饴糖的方法。不过苏美尔人、古埃及人酿造啤酒需用两天时间，而我国古代人酿造醴酒则需一天一夜。《释名》曰：“醴齐醴礼也，酿之一宿而成，醴有酒味而已也。”

二、啤酒的生产原料

(一) 大麦

大麦是酿造啤酒的重要原料，但是首先必须将其制成麦芽方能用于酿酒。大麦在人工控制和外界条件的作用下发芽和干燥的过程即为麦芽制造。大麦发芽后称为绿麦芽，干燥后称为麦芽。麦芽是发酵时的基本成分，并被称为“啤酒的灵魂”，它决定了啤酒的颜色和气味。

(二) 酿造用水

啤酒对酿造用水的要求相对于其他酒类酿造的要求要高得多，特别是用于制麦芽和糖化的水与啤酒的质量密切相关。酿造啤酒的用水量很大，对水的要求是不含妨碍糖化、发酵以及对色、香、味产生影响的物质。因此，很多厂家采用深井水，如无深井水则采用离子交换机和电渗析方法对水进行处理。

(三) 啤酒花

啤酒花是啤酒生产中不可缺少的原料，作为啤酒工业的原料，啤酒花最早在英国被使用，主要是利用其具有苦味、香味、防腐力和能够澄清麦汁的特性。

(四) 酵母

酵母的种类很多，用于啤酒生产的酵母叫啤酒酵母。啤酒酵母可分为上发酵酵母和下发酵酵母两种。上发酵酵母应用于上发酵啤酒的发酵，发酵产生的二氧化碳和泡沫使细泡漂浮于液面，适宜的发酵温度为10℃～25℃，发酵期为5～7天。下发酵酵母在发酵时悬浮于发酵液中，发酵终了时凝聚并沉于底部，发酵温度为5℃～10℃，发酵期为6～12天。

三、啤酒的酿造工艺

(一) 选麦育芽

精选优质大麦清洗干净，在槽中浸泡3天后送出芽室，在低温潮湿的空气中发芽一周，然后将这些嫩绿的麦芽在热风中风干24小时，这样大麦就具备了酿造啤酒所需的颜色和风味。

(二) 制浆

将风干的麦芽磨碎，加入温度适当的热水，制造麦芽浆。

(三) 煮浆

将麦芽浆送入糖化槽，加入米淀粉煮成的糊，加温，这时麦芽酵素充分发挥作用，可把淀粉转化为糖，产生麦芽糖汁液，过滤之后，加蛇麻花煮沸，提炼芳香和苦味。

(四) 冷却

将煮沸的麦芽浆冷却至5℃，然后加入酵母进行发酵。

(五) 发酵

麦芽浆在发酵槽中经过8天左右的发酵，大部分的糖和酒精都被二氧化碳分解，生涩的啤酒诞生。

(六) 陈酿

经过发酵的深色啤酒被送入调节罐中低温(0℃以下)陈酿2个月，陈酿期间，啤酒中的二氧化碳逐渐溶解，渣滓沉淀，酒色开始变得透明。

(七) 过滤

成熟后的啤酒经过离心器去除杂质，酒色完全透明，呈琥珀色，这就是人们通常所称的生啤酒，然后在酒液中注入二氧化碳或小量浓糖进行二次发酵。

(八) 杀菌

将酒液装入消过毒的瓶中，进行高温杀菌(俗称巴氏消毒)使酵母停止作用，这样瓶中的酒液就能耐久贮藏。

(九) 包装销售

装瓶或装桶的啤酒经过最后的检验，便可以出厂上市。一般包装形式有瓶装、听装和桶装3种。

四、啤酒的分类

(一) 根据颜色分类

1. 淡色啤酒

淡色啤酒外观呈淡黄色、金黄色或棕黄色。我国绝大部分啤酒均属此类。

2. 浓色啤酒

浓色啤酒呈红棕色或红褐色，产量比较小。这种啤酒的麦芽香味突出，口味醇厚。这类啤酒的典型代表是上发酵的浓色爱尔啤酒，其原料部分采用深色麦芽。

3. 黑色啤酒

黑色啤酒呈深红色至黑色，产量比较小。麦汁浓度较高，麦芽香味突出，口味醇厚，泡沫细腻。它的苦味有轻有重，代表产品有慕尼黑啤酒。

(二) 根据工艺分类

1. 鲜啤酒

包装后不经巴氏灭菌的啤酒叫鲜啤酒。这类啤酒不能长期保存，保存期在7天以内。

2. 熟啤酒

包装后经过巴氏灭菌的啤酒叫熟啤酒。这类啤酒可以保存3个月。

(三) 根据啤酒发酵特点分类

1. 底部发酵啤酒

(1) 拉戈啤酒。拉戈啤酒是传统的德式啤酒，以溶解度稍差的麦芽为原料，采用糖化煮沸法，使用底部酵母，该啤酒呈浅色，有典型的啤酒花香味，贮存期长。

(2) 宝克啤酒。宝克啤酒是一种底部发酵啤酒，呈棕红色，原产地为德国。该酒发酵度低，有醇厚的麦芽香气，口感柔和醇厚，酒度较高，约6度，泡沫持久，颜色较深，味甜。

2. 上部发酵啤酒

上部发酵啤酒主要有波特黑啤酒。波特黑啤酒由英国人首先发明和生产，是英国著名啤酒。该酒苦味浓，颜色很深，营养素含量高。

(四) 根据麦汁分类

1. 低浓度啤酒

麦汁浓度为2.5～8度，乙醇含量为0.8%～2.2%。

2. 中浓度啤酒

麦汁浓度为9～12度，乙醇含量为2.5%～3.5%，淡色啤酒几乎都属于这个类型。

3. 高浓度啤酒

麦汁浓度为13～22度，乙醇含量为3.6%～5.5%，多为深色啤酒。

(五) 根据其他特点分类

1. 苦啤酒

苦啤酒属于英国风味，啤酒花投料比例比一般啤酒高，干爽，浅色，味浓郁，酒度高。

2. 水果啤酒

水果啤酒在发酵前或发酵后需放入水果做原料。

3. 印度浅啤酒

印度浅啤酒的英语缩写为“IPA”，是增加了大量啤酒花的拉戈式啤酒。

4. 小麦啤酒

小麦啤酒是以发芽小麦为原料，并加入适量大麦的德国风味啤酒。Hefeweizen是其中的一个种类。

五、啤酒的“度”

啤酒商标中的“度”不是指酒精含量，而是指发酵时原料中的麦芽汁的糖度，即原麦芽汁浓度，分为6度、8度、10度、12度、14度、16度不等。一般情况下，麦芽浓度高，含糖量就多，啤酒酒精含量就高，反之亦然。

例如，低浓度啤酒，麦芽浓度为6～8度，酒精含量为2%左右；高浓度啤酒，麦芽浓度为14～20度，酒精含量为5%左右。

六、啤酒的商标

根据《食品标签通用标准》(GB 7718—1994)的规定，啤酒与其他包装食品一样，必须在包装上印有或附上包括厂名、厂址、产品名称、标准代号、生产日期、保质期、净含量、酒度、容量、配料和原麦汁浓度等内容的标志。

啤酒的包装容量根据包装容器而定，国内一般采用玻璃包装，分350ml和640ml两种。一般商标上标的“640ml±10ml”，指的是瓶内含640ml的酒液，上下浮动不超过10ml。

沿着商标周围有两组数字，1～12为月份，1～31为日期。厂家采取在商标边将月数和日期数切口的办法来注明生产日期。

啤酒商标作为企业产品的标志，既便于市场管理部门的监督、检查，又便于消费者对这一产品的了解和认知，同时它又是艺术品，被越来越多的国内外商标爱好者收集和珍藏。

七、啤酒的饮用与服务

(一) 啤酒的选择

啤酒种类繁多，成分各异，而人的体质不同，所以饮用啤酒要因人而异。

1. 生啤酒

生啤酒即鲜啤酒，比较适合瘦人饮用。生啤酒是没有经过巴氏杀菌的啤酒，由于酒中的活酵母菌在灌装后，在人体内仍可以继续进行生化反应，因而这种啤酒很容易使人发胖。

2. 熟啤酒

经过巴氏杀菌后的啤酒即为熟啤酒。因为酒中的酵母已被加温杀死，不会继续发酵，稳定性较好，所以较适合胖人饮用。

3. 低醇啤酒

低醇啤酒适合从事特种工作的人饮用，如驾驶员、演员等。低醇啤酒是啤酒家族的新成员之一，属低度啤酒。低醇啤酒的糖化麦汁的浓度是12度或14度，酒精含量为3.5度，人喝了这种啤酒不容易“上头”。

4. 无醇啤酒

无醇啤酒是啤酒家族中的新成员，也属于低度啤酒，只是它的糖化麦汁的浓度和酒度比低醇啤酒还要低，所以很适合妇女、儿童和老弱病残者饮用。

5. 运动啤酒

运动啤酒是供运动员饮用的啤酒，是啤酒家族的新成员。运动啤酒除了酒度低以外，还含有黄芪等15种中药成分，能使运动员在剧烈运动后迅速恢复体能。

(二) 啤酒酒杯的选择

饮用啤酒与洋酒一样，对酒杯有一定的要求，不同类型的啤酒需要用不同的杯子盛装。可供选择的常用啤酒杯有淡啤酒杯(Light Beer Pilsner)、生啤酒杯(Beer Mug)和一般啤酒杯(Heavy Beer Pilsner)。

(三) 啤酒的饮用温度

啤酒愈鲜愈醇，不宜久藏，冰后饮用最为爽口，不冰则口感苦涩，但饮用时温度过低无法产生气泡，尝不出啤酒的奇特滋味，所以饮用前4～5小时冷藏较为理想。夏天时的适宜饮用温度为6℃～8℃，冬天时的适宜温度为10℃～12℃。

(四) 啤酒气泡的作用

啤酒气泡可防止酒中的二氧化碳散失，能使啤酒保持新鲜美味。一旦气泡消失，则香气减少，苦味加重，丧失口感。所以，斟酒时应先慢倒，接着猛冲，最后轻轻抬起瓶口，其泡沫自然高涌。

(五) 啤酒的品评

1. 黄啤酒品评

(1) 色淡黄、带绿，黄而不显暗色。

(2) 透明清亮，无悬浮物或沉淀物。

(3) 泡沫高且持久(在8℃～15℃的气温条件下，5分钟内不消失)，细腻，洁白，挂杯。

(4) 有明显的酒花香气，新鲜，无老化气味及酒花气味。

(5) 口味圆正且爽滑，醇厚而杀口。

2. 黑啤酒品评

(1) 清亮透明，无悬浮物或沉淀物。

(2) 有明显的麦芽香，香味正，无老化气味及异味(如双乙酰气味、烟气味、酱油气味等)。

(3) 口味圆正且爽滑，醇厚而杀口。

(4) 无甜味、焦糖味、后苦味等杂味。

(六) 啤酒服务

正规的啤酒服务操作比人们想象的要复杂得多，具体包括以下步骤。

(1) 在托盘内放上啤酒杯及已开瓶的啤酒、冰块，托至餐桌边。将杯子放在客人右手边。如客人需喝温啤酒，可先将酒杯在热水中浸泡一会儿，再注入啤酒，也可将啤酒浸入40℃的热水(装满酒的杯子)进行加温。

(2) 斟倒瓶装啤酒时，先将酒杯微倾，顺杯壁倒入2/3的无沫酒液，再将酒杯端正，采用倾注法，使泡沫产生。酒液与泡沫的比例分别为酒杯容量的3/4和1/4。

(3) 斟注压力啤酒时，先将开关开足，将酒杯斜放在开关下(不要摇晃酒杯)，注入3/4，再将酒杯放于一边，使泡沫沉淀，然后注满酒杯。酒液与泡沫的比例，应为酒杯容量的3/4和1/4。

(4) 注入杯中的啤酒要求酒液清澈，二氧化碳含量适当，泡沫洁白而厚实。一般情况下，服务员不在同一杯中添加啤酒。

(七) 病酒

啤酒是一种稳定性不强的胶体溶液，比较容易发生浑浊和病害。

1. 浑浊

啤酒浑浊通常发生在低温环境条件下，当贮存气温低于0℃时，酒液中出现浑浊，严重时可出现凝聚物，当气温回升后，浑浊自行消失，这种浑浊称为冷浑浊(或受寒浑浊)。

如冷浑浊持续时间过长，凝聚物会由白色变为褐色，气温回升后，浑浊不能完全消失，则啤酒发生病变。

啤酒浑浊还发生在与空气接触的条件下，如包装破损漏气、长时间敞口、内部空隙过大，都会导致浑浊现象的发生，这种浑浊称为氧化浑浊。氧化浑浊是啤酒生产和消费过程中的常见问题。

啤酒浑浊虽然不会对人体造成严重的损害，但会影响顾客的消费心理。

2. 氧化味

氧化味又称面包味、老化味，产生原因是酒液的氧化和贮存期过久。

3. 馊饭味

馊饭味主要起因于啤酒未成熟时即装瓶，或装瓶前就已被细菌污染等。

4. 铁腥味

铁腥味又称墨水味、金属味，起因主要是酒液受重金属污染。

5. 焦臭味

焦臭味是由麦芽干燥处理过头等因素导致的。

6. 酸苦味

酸苦味是由感染细菌等因素导致的。

7. 霉烂味

导致霉烂味的主要原因有使用生霉原料、瓶塞霉变等。

8. 苦味不正

苦味不正的主要原因有酒花陈旧、酒花用量过多、水质过硬、麦汁煮沸不当、发酵不好、氧化、受重金属污染和酵母再发酵等。

八、中外知名啤酒

(一) 青岛啤酒

1. 产地

青岛啤酒的产地为青岛啤酒股份有限公司。

2. 历史

青岛啤酒厂始建于1903年(清光绪二十九年)。当时青岛被德国占领，英德商人为适应占领军和侨民的需要开办了啤酒厂。当时，企业名称为“日耳曼啤酒公司青岛股份公司”，生产设备和原料全部来自德国，产品品种有淡色啤酒和黑啤酒。

1914年，第一次世界大战爆发以后，日本乘机侵占青岛。1916年，日本东京都的“大日本麦酒株式会社”以50万银元收购了青岛啤酒厂，更名为“大日本麦酒株式会社青岛工场”，并于当年开工生产。日本人对工厂进行了较大规模的改造和扩建，1939年建立了制麦车间，曾试用山东大麦酿制啤酒，效果良好。原材料中的大米来自中国以及西贡；酒花则从捷克采购。第二次世界大战爆发后，由于外汇管制，啤酒花进口困难，日本人曾在厂院内设“忽布园”进行试种。1945年抗日战争胜利，当年10月，工厂被国民党政府军政部查封，随即由青岛市政府当局派人员接管，工厂更名为“青岛啤酒公司”。1947年，“齐鲁企业股份有限公司”从行政院山东青岛区敌伪产业处理局收购了该工厂，定名为“青岛啤酒厂”。

3. 品种

青岛啤酒的主要品种有8度、10度、11度青岛啤酒，以及11度纯生青岛啤酒。

4. 特点

青岛啤酒属于淡色啤酒，酒液呈淡黄色，清澈透明，富有光泽。酒中二氧化碳充足，当酒液注入杯中时，泡沫细腻、洁白，持久而厚实，并有细小如珠的气泡从杯底连续不断上升，经久不息。饮时，酒质柔和，有明显的酒花香和麦芽香，具有啤酒特有的爽口苦味和杀口力。酒中含有多种人体不可缺少的碳水化合物、氨基酸、维生素等营养成分。常饮有开脾健胃、帮助消化之功效。原麦芽汁浓度为8～11度，酒度为3.5%～4%。

5. 成分

(1) 大麦。选自浙江省宁波、舟山地区的“三棱大麦”，粒大、淀粉多、蛋白质含量低、发芽率高，是酿造啤酒的上等原料。

(2) 酒花。青岛啤酒采用的优质啤酒花，由该厂自己的酒花基地精心培育，具有蒂大、花粉多、香味浓的特点，能增强啤酒的爽快的微苦味和酒花香，并能延长啤酒的保存期，保证了啤酒的正常风味。

(3) 水。青岛啤酒的酿造用水是有名的崂山矿泉水，水质纯净、口味甘美，对啤酒味道的柔和度起到良好的促进作用，它赋予青岛啤酒独有的风格。

6. 工艺

青岛啤酒采取酿造工艺的“三固定”和严格的技术管理。“三固定”就是固定原料、固定配方和固定生产工艺。严格的技术管理是指操作一丝不苟，凡是不合格的原料绝对不用，发酵过程要严格遵守卫生法规；对后发酵的二氧化碳，要严格保持规定的标准，过滤后的啤酒中的二氧化碳要处于饱和状态；产品出厂前，要经过全面的分析化验及感官鉴定，合格方能出厂。

7. 荣誉

青岛啤酒在第二、三届全国评酒会上均被评为全国名酒；1980年荣获国家优质产品金质奖章。青岛啤酒不仅在国内负有盛名，而且驰名全世界，远销30多个国家和地区。2006年1月，青岛啤酒中的8度、10度、11度青岛啤酒，以及11度纯生青岛啤酒首批通过国家酒类质量认证。

(二) 嘉士伯

1. 产地

嘉士伯的原产地为丹麦。

2. 历史

嘉士伯创始人J. C. 雅可布森最初在其父亲的酿酒厂工作，后于1847年在哥本哈根郊区设厂生产啤酒，并以其子卡尔的名字命名为嘉士伯牌啤酒。其子卡尔·雅可布森在丹麦和国外学习酿酒技术后，于1882年创立了新嘉士伯酿酒公司。新老嘉士伯啤酒厂于1906年合并为嘉士伯酿酒公司。直至1970年嘉士伯酿酒公司与图堡(Tuborg)公司合并，并命名为嘉士伯公共有限公司。

3. 特点

知名度较高，口味较大众化。

4. 工艺

1835年6月，哥本哈根北郊成立了作坊式的啤酒酿造厂，采用木桶制作啤酒，1876年成立了著名的嘉士伯实验室，1906年组成了嘉士伯啤酒公司。从此，嘉士伯成为啤酒行业的一匹黑马，由嘉士伯实验室汉逊博士培养的汉逊酵母至今仍被各国啤酒业界采用。嘉士伯啤酒工艺一直是啤酒业的典范，其自身也因重视原材料的选择和严格的加工工艺保持，质量始终处于世界一流水平。

5. 荣誉

嘉士伯啤酒风行世界130多个国家，被啤酒饮家誉为“可能是世界上最好的啤酒”。自1904年开始，嘉士伯啤酒被丹麦皇室许可，作为指定的供应商，其商标上自然也就多了一个皇冠标志。嘉士伯公共有限公司自1982年始，相继与中国广州、江门、上海等啤酒厂合作生产中国的嘉士伯啤酒。

(三) 喜力啤酒

1. 产地

喜力啤酒的原产地为荷兰。

2. 历史

喜力啤酒始于1863年。G. A. 赫尼肯从收购位于阿姆斯特丹的啤酒厂De Hoo-iberg之日起，便开始关注啤酒行业的新发展。在德国，当酿酒潮流从顶层发酵转向底层发酵时，他迅速意识到这一转变的重大意义。为寻求最佳原材料，他跑遍了整个欧洲大陆，并引进现场冷却系统。他甚至建立了实验室来检查基础配料和成品的质量，这在当时的酿酒行业中是绝无仅有的。正是在这一时期，特殊的喜力A酵母开发成功。到19世纪末，该啤酒厂已成为荷兰最大且最重要的产业之一。G. A. 赫尼肯的经营理念也被他的儿子A. H. 赫尼肯承传下来。自1950年起，A. H. 赫尼肯喜力成为享誉全球的商标，并赋予它独特的形象。为此，他仿造美国行业建立了广告部门，同时还奠定了国际化组织结构的基础。

3. 特点

口感较苦。

4. 荣誉

喜力啤酒在1889年的巴黎世界博览会上荣获金奖，在全球50多个国家的90个啤酒厂生产啤酒。目前，喜力啤酒已出口到170多个国家。

(四) 比尔森(Pilsen)啤酒

1. 产地

比尔森啤酒的原产地为位于捷克斯洛伐克西南部的城市比尔森，已有150余年的历史。

2. 工艺

啤酒花用量高，约400g/100L，采用底部发酵法、多次煮沸法等工艺，发酵度高，熟化期为3个月。

3. 特点

麦芽汁浓度为11%～12%，色浅，泡沫洁白细腻，挂杯持久，酒花香味浓郁且清爽，苦味重而不长，味道醇厚，杀口力强。

(五) 慕尼黑(Munich)啤酒

1. 产地

慕尼黑是德国南部的啤酒酿造中心，以酿造黑啤闻名。慕尼黑啤酒已成为世界深色啤酒效仿的典型。因此，凡是采用慕尼黑啤酒工艺酿造的啤酒，都可以称为慕尼黑型啤酒。慕尼黑啤酒最大的生产厂家是罗汶啤酒厂。

2. 工艺

慕尼黑啤酒采用底部发酵的生产工艺。

3. 特点

慕尼黑啤酒外观呈红棕色或棕褐色，清亮透明，有光泽，泡沫细腻，挂杯持久，二氧化碳充足，杀口力强，具有浓郁的焦麦芽香味，口味醇厚而略甜，苦味轻。内销啤酒的原麦芽浓度为12%～13%，外销啤酒的原麦芽浓度为16%～18%。

(六) 多特蒙德(Dortmund)啤酒

1. 产地

多特蒙德位于德国西北部，是德国最大的啤酒酿造中心，有国内最大的啤酒公司和啤酒厂。自中世纪以来，这里的啤酒酿造业一直很发达。

2. 工艺

多特蒙德啤酒采用底部发酵的生产工艺。

3. 特点

多特蒙德啤酒酒体呈淡黄色，酒精含量高，醇厚而爽口，酒花香味明显，但苦味不重，麦芽汁浓度为13%。

(七) 巴登·爱尔(Burton Ale)啤酒

1. 产地

巴登·爱尔啤酒是英国的传统名牌啤酒，全国生产爱尔兰啤酒的厂家很多，唯有巴登地区酿造的爱尔啤酒最负盛名。

2. 工艺

爱尔啤酒以溶解良好的麦芽为原料，采用上部发酵、高温和快速发酵的方法。

3. 特点

爱尔啤酒有淡色和深色两种，内销爱尔啤酒的原麦芽汁浓度为11%～12%，出口爱尔啤酒的原麦芽汁浓度为16%～17%。

淡色爱尔啤酒色泽浅，酒精含量高，酒花香味浓郁，苦味重，口味清爽。

深色爱尔啤酒色泽深，麦芽香味浓，酒精含量较淡色的低，口味略甜而醇厚，苦味明显而清爽，在口中消失快。

(八) 司陶特(Stout)啤酒

1. 产地

司陶特啤酒的产地为英国。

2. 工艺

司陶特啤酒采用上部发酵方法，以中等淡色麦芽为原料，加入7%～10%的焙焦麦芽或焙焦大麦，有时加焦糖做原料。酒花用量高达600g/100L～700g/100L。

3. 特点

一般的司陶特啤酒的原麦芽汁浓度为12%，高档司陶特啤酒的原麦芽汁浓度为20%。司陶特啤酒外观呈棕黑色，泡沫细腻持久，为黄褐色；有明显的焦麦芽香，酒花苦味重，口感爽快；酒度较高，风格浓香醇厚，饮后回味长久。

(九) 其他著名啤酒品牌

贝克：德国啤酒，口味殷实。

百威：美国啤酒，酒味清香，因贮存于橡木酒桶所致。

虎牌：新加坡啤酒，在东南亚知名度较高。

朝日：日本啤酒，味道清淡。

健力士黑啤：爱尔兰出产啤酒中的精品，味道独特。

科罗娜：墨西哥酿酒集团出品，为世界第一品牌。

中国台湾统一狮子座：带有龙眼味的啤酒。

泰国狮牌：最独特的啤酒，味苦，劲烈。

学习任务三 中国黄酒及其服务

黄酒又名“老酒”“料酒”“陈酒”，因酒液呈黄色，故俗称黄酒。

一、黄酒的起源

黄酒是世界上最古老的一种酒，它源于中国，为中国所独有，与啤酒、葡萄酒并称世界三大古酒。在3000多年前的商周时代，中国人独创酒曲复式发酵法，开始大量酿制黄酒。从宋代开始，由于政治、文化、经济中心的南移，使黄酒的生产局限于南方数省。南宋时期，烧酒开始产生。自元朝开始，烧酒在北方得到普及，北方的黄酒生产逐渐萎缩。南方人饮烧酒者不如北方普遍，使得黄酒生产得以在南方保留下来。到清朝时期，南方绍兴一带的黄酒誉满天下。

二、黄酒的成分

黄酒是用谷物做原料，用麦曲或小曲做糖化发酵剂制成的酿造酒。在历史上，在北方以粟(在古代，粟是秫、稷、黍的总称，有时也称为粱，现在称为谷子，去除壳后的谷子叫小米)为原料酿造黄酒，而在南方则普遍以稻米为原料(糯米为最佳原料)酿造黄酒。

三、黄酒的分类

在最新的国家标准中，黄酒的定义：以稻米、黍米、黑米、玉米、小麦等为原料，经过蒸料，拌以麦曲、米曲或酒药，进行糖化和发酵酿制而成的各类黄酒。

(一) 按黄酒的含糖量分类

1. 干黄酒

干黄酒的含糖量小于1.00g/100ml(以葡萄糖计)，如元红酒。

2. 半干黄酒

半干黄酒的含糖量为1.00%～3.00%。我国大多数出口黄酒均属此种类型。

3. 半甜黄酒

半甜黄酒的含糖量为3.00%～10.00%，是黄酒中的珍品。

4. 甜黄酒

甜黄酒的糖分含量为10.00～20.0g/100ml。由于加入了米白酒，酒度也较高。

5. 浓甜黄酒

浓甜黄酒的糖分大于或等于20.0g/100ml。

(二) 按黄酒酿造方法分类

1. 淋饭酒

淋饭酒是指蒸熟的米饭用冷水淋凉，拌入酒药粉末，搭窝，糖化，最后加水发酵成酒。

2. 摊饭酒

摊饭酒是指将蒸熟的米饭摊在竹篦上，使米饭在空气中冷却，然后加入麦曲、酒母

(淋饭酒母)、浸米浆水等，混合后直接进行发酵。

3. 喂饭酒

按这种方法酿酒时，米饭不是一次性加入，而是分批加入。

(三) 按黄酒酿酒用曲的种类分类

按黄酒酿酒用曲的不同，可分为麦曲黄酒、小曲黄酒、红曲黄酒、乌衣红曲黄酒、黄衣红曲黄酒等。

四、黄酒的功效

黄酒色泽鲜明，香气浓，口味醇厚，酒性柔和，酒精含量低，含有13种以上氨基酸(其中有人体自身不能合成但必需的8种氨基酸)和多种维生素及糖氮等多量浸出物。黄酒有相当高的热量，被称为“液体蛋糕”。

黄酒除可作为饮料外，在日常生活中也将其作为烹调菜的调味剂或“解腥剂”。另外，在中药处方中常用黄酒浸泡、炒煮、蒸炙某种草药，又可用其调制某种中药丸和泡制各种药酒，是中药制剂中用途广泛的“药引子”。

五、黄酒的保存方法

成品黄酒都要进行灭菌处理才便于贮存，通常的方法是用煎煮法灭菌，用陶坛盛装。酒坛以无菌荷叶和笋壳封口，又以糖和黏土等混合加封，封口既严实又便于开启。酒液在陶坛中，越陈越香，这就是黄酒被称为“老酒”的原因。

六、黄酒病酒识别

黄酒是原汁酒，很容易发生的病害是酸败腐变。

病黄酒的主要表现：酒液明亮度降低，浑浊或有悬浮物质，结成痂皮薄膜，气味酸臭，有腐烂的刺鼻味，酸度超过0.6g/100ml，不堪入口等。

酸败的主要原因有：煎酒不足，坛口密封不好，光线长期直接照射，贮酒温度过高，夏季开坛后有细菌侵入，用其他提酒用具提取黄酒，感染其他霉变物质等。

七、黄酒的品评

黄酒的品评基本上可从色、香、味、体4个方面入手。

(一) 色

黄酒的颜色在酒的品评中一般占10%的比重。好的黄酒必须是色正(橙黄、橙红、黄褐、红褐)、透明、清亮有光泽。

(二) 香

黄酒的香在酒的品评中一般占25%的比重。好的黄酒，有一股强烈而优美的特殊芳香。构成黄酒香气的主要成分有醛类、酮类、氨基酸类、酯类、高级醇类等。

(三) 味

黄酒的味在酒的品评中占有50%的比重。黄酒的基本口味有甜、酸、辛、苦、涩等。黄酒应在具有优美香气的前提下，具有糖、酒、酸调和的基本口味。如果突出了某种口味，就会给人以过甜、过酸或苦涩等感觉，影响酒的质量。一般好的黄酒必须是香味浓郁，质纯可口，尤其是糖的甘甜、酒的醇香、酸的鲜美、曲的苦辛配合要协调，才会给人以余味绵长之感。

(四) 体

体就是风格，是指黄酒的组成整体，它全面反映酒中所含的基本物质(乙醇、水、糖)和香味物质(醇、酸、酯、醛等)。黄酒的体在酒的品评中占有15%的比重。黄酒在生产过程中，原料、曲和工艺条件不同，酒中组成物质的种类及含量也随之不同，因而可形成多种特点不同的黄酒酒体。

八、黄酒的饮用

黄酒的传统饮法是温饮，即将盛酒器放入热水中烫热或直接烧煮，以达到其最佳饮用温度。温饮可使黄酒酒香浓郁，酒味柔和。

黄酒也可在常温下饮用。另外，在我国香港和日本，流行加冰后饮用，即在玻璃杯中加入一些冰块，注入少量的黄酒，最后加水稀释饮用，有的也可以放一片柠檬入杯。

在饮用黄酒时，如果菜肴搭配得当，则更可领略黄酒的特有风味，以绍兴酒为例，其常见的搭配有以下几种。

干型的元红酒，宜配蔬菜类、海蜇皮等冷盘；

半干型的加饭酒，宜配肉类、大闸蟹；

半甜型的善酿酒，宜配鸡鸭类；

甜型的香雪酒，宜配甜菜类。

九、中国名优黄酒

(一) 绍兴酒

1. 产地

绍兴酒，简称“绍酒”，产于浙江省绍兴市。

2. 历史

据《吕氏春秋》记载：“越王之栖于会稽也，有酒投江，民饮其流而战气百倍。”可见在两千多年前的春秋时期，绍兴已经产酒。到南北朝以后，关于绍兴酒有了更多的记载。南朝《金缕子》中说：“银瓯贮山阴(绍兴古称)甜酒，时复进之。”宋代的《北山酒经》中亦认为：“东浦(东浦为距绍兴市西北10余里的村名)酒最良。”到了清代，有关黄酒的记载就更多了。20世纪30年代，绍兴境内有酒坊达2000余家，年产酒6万多吨，产品畅销中外，在国际上享有盛誉。

3. 特点

绍兴酒具有色泽橙黄清澈、香气馥郁芬芳、滋味鲜甜醇美的独特风格，绍兴酒有越陈越香、久藏不坏的优点，人们说它有“长者之风”。

4. 工艺

绍兴酒在制作工艺上一直恪守传统。冬季“小雪”淋饭(制酒母)，至“大雪”摊饭(开始投料发酵)，到翌年“立春”时开始榨就，然后将酒煮沸，用酒坛密封盛装，进行贮藏，一般3年后才投放市场。但是，不同的品种，其生产工艺又略有不同。

(1) 元红酒。元红酒又称状元红酒，因在其酒坛外表涂朱红色而得名。酒度在15%以上，糖分为0.2%～0.5%，需贮藏1～3年才能上市。元红酒酒液橙黄透明，香气芬芳，口味甘爽微苦，有健脾作用。元红酒是绍兴酒家族的主要品种，产量最大，且价廉物美，深受广大消费者的欢迎。

(2) 加饭酒。加饭酒是在元红酒的基础上精酿而成的。酒度在18%以上，糖分在2%以上。加饭酒酒液橙黄明亮，香气浓郁，口味醇厚，宜于久藏(越陈越香)。饮时加温，则酒味尤为芳香，适当饮用可增进食欲，帮助消化，消除疲劳。

(3) 善酿酒。善酿酒又称“双套酒”，始创于1891年，其工艺独特，是用陈年绍兴元红酒代替部分水酿制的加工酒，新酒需陈酿1～3年才能供应市场。酒度在14%左右，糖分在8%左右，酒色深黄，酒质醇厚，口味甜美，芳馥异常，是绍兴酒中的佳品。

(4) 香雪酒。香雪酒为绍兴酒的高档品种，以淋饭酒拌入少量麦曲，再用绍兴酒糟蒸馏而得到的50度白酒勾兑而成。酒度在20%左右，含糖量在20%左右，酒色金黄透明。经陈酿后，此酒上口、鲜甜、醇厚，既不会感到有白酒的辛辣味，又具有绍兴酒特有的浓郁芳香，深受广大国内外消费者的欢迎。

(5) 花雕酒。在贮存的绍兴酒坛外雕绘五色彩图，这些彩图多为花鸟鱼虫、民间故事及戏剧人物，具有民族风格，习惯上称为“花雕酒”或“远年花雕”。

(6) 女儿酒。浙江地区有这样一种风俗，生子之年，选酒数坛，泥封窖藏。待子到长大成人婚嫁之日，方开坛取酒宴请宾客。生女时称其为“女儿酒”或“女儿红”，生男则称为“状元红”，因经过20余年的封藏，酒的风味更臻香醇。

5. 荣誉

绍兴酒曾于1910年获南洋劝业会特等金牌；1924年在巴拿马赛会上获银奖章；1925年在西湖博览会上获金牌；1963年和1979年绍兴酒中的加饭酒被评为我国十八大名酒之一，并获金质奖；1985年又分别获巴黎国际旅游美食金质奖和西班牙马德里酒类质量大赛的景泰蓝奖；1995年在巴拿马万国博览会上获得一等奖；2006年1月，浙江古越龙山绍兴酒股份有限公司生产的十年陈酿半干型绍兴酒首批通过国家酒类质量认证。

(二) 即墨老酒

1. 产地

即墨老酒产于山东省即墨县。

2. 历史

公元前722年，即墨地区(包括崂山)已是一个人口众多、物产丰富的地方。这里土地肥沃，黍米高产(俗称大黄米)，米粒大、光圆，是酿造黄酒的上乘原料。当时，黄酒作为一种祭祀品和助兴饮料，酿造极为盛行。在长期的实践中，“醑酒”风味之雅、营养之高，引起人们的关注。古时地方官员把“醑酒”当作珍品向皇室进贡。相传，春秋时齐国君齐景公朝拜崂山仙境，谓之“仙酒”；战国齐将田单巧摆火牛阵，大破燕军，谓之“牛酒”；秦始皇东赴崂山索取长生不老药，谓之“寿酒”；几代君王开怀畅饮此酒，谓之“珍浆”。唐代中期，“醑酒”又称“骷辘酒”。到了宋代，人们为了把酒史长、酿造好、价值高的“醪酒”同其他地区的黄酒区别开来，以便于开展贸易往来，又把“醑酒”改名为“即墨老酒”，此名沿用至今。清代道光年间，即墨老酒产销进入极盛时期。

3. 特点

即墨老酒酒液墨褐带红，浓厚挂杯，具有特殊的糜香气。饮用时醇厚爽口，微苦而余香不绝。据化验，即墨老酒含有17种氨基酸、16种人体所需要的微量元素及酶类维生素。每公斤老酒的氨基酸含量比啤酒高10倍，比红葡萄酒高12倍，适量常饮能驱寒活血，舒筋止痛，增强体质，加快人体新陈代谢。

4. 成分

即墨老酒以当地龙眼黍米、麦曲为原料，以崂山“九泉水”为酿造用水。

5. 工艺

即墨老酒在酿造工艺上继承和发扬了“古遗六法”，即“黍米必齐，曲蘖必时、水泉必香、陶器必良、火甚炽必洁、火剂必得”。所谓黍米必齐，即生产所用黍米必须颗粒饱满均匀，无杂质；曲蘖必时，即必须在每年中伏时，选择清洁、通风、透光、恒温的室内制曲，使之产生丰富的糖化发酵酶，陈放一年后，择优选用；水泉必香，即必须采用质好、含有多种矿物质的崂山水；陶器必良，即酿酒的容器必须是质地优良的陶器；火甚炽必洁，即酿酒用的工具必须加热烫洗，严格消毒；火剂必得，即讲究蒸米的火候，必须达到焦而不糊、红棕发亮、恰到好处。

新中国成立前，即墨老酒属作坊型生产，酿造设备为木、石和陶瓷制品，其工艺流程分浸米、烫米、洗米、糊化、降温、加曲保温、糖化、冷却加酵母、入缸发酵、压榨、陈酿、勾兑等。

新中国成立后，即墨县黄酒厂对老酒的酿造设备和工艺进行了革新，逐步实现了工厂化、机械化生产。炒米改用产糜机，榨酒改用不锈钢机械，仪器检测代替了目测、鼻嗅、手摸、耳听等旧式质量鉴定方法，并先后采用高温糖化、低温发酵、流水降温等新工艺，运用现代化科学技术手段对老酒的理化指标进行控制。现在生产的即墨老酒酒度不低于11.5%，含糖量不低于10%，酸度在0.5%以下。

6. 荣誉

即墨老酒产品畅销国内外，深受消费者好评，被专家誉为我国黄酒的“北方骄子”和“典型代表”，被视为黄酒之珍品。即墨老酒在1963年和1974年的全国评酒会上先后被评为优质酒，荣获银牌；1984年在全国酒类质量大赛中荣获金杯奖。

(三) 沉缸酒

1. 产地

沉缸酒产于福建省龙岩县。

2. 历史

沉缸酒的酿造始于明末清初，距今已有170多年的历史。传说，在距龙岩县城30余里的小池村，有位从上杭来的酿酒师傅，名叫五老官。他见这里有江南著名的“新罗第一泉”，便在此地开设酒坊。刚开始时他按照传统酿制方法，以糯米制成酒醅，得酒后入坛，埋藏3年出酒，但酒度低、酒劲小、酒甜、口淡。于是他进行改进，在酒醅中加入低度米烧酒，压榨后得酒，人称“老酒”，但他还是觉得不够醇厚。他又两次加入高度米烧酒，使老酒陈化、增香，这才酿出了如今的“沉缸酒”。

3. 特点

沉缸酒酒液鲜艳透明，呈红褐色，有琥珀光泽，酒味芳香扑鼻，醇厚馥郁，饮后回味绵长。此酒糖度高，无一般甜型黄酒的稠黏感，使人们得糖的清甜、酒的醇香、酸的鲜美、曲的苦味，当酒液触舌时，各味毕现，风味独具。

4. 成分

沉缸酒是以上等糯米以及福建红曲、小曲和米烧酒等经长期陈酿而成。酒内含有碳水化合物、氨基酸等富有营养价值的成分。其糖化发酵剂白曲是由冬虫夏草、当归、肉桂、沉香等三十多种名贵药材特制而成的。

5. 工艺

沉缸酒的酿法集我国黄酒酿造的各项传统精湛技术于一体，用曲多达4种。有当地祖传的药曲，其中加入冬虫夏草、当归、肉桂、沉香等30多味中药材；有散曲，这是我国最为传统的散曲，通常作为糖化用曲；有白曲，这是南方所特有的米曲；红曲更是酿造龙岩酒的必加之曲。酿造时，先加入药曲、散曲和白曲，酿成甜酒酿，再分别投入著名的古田红曲及特制的米白酒陈酿。在酿制过程中，一不加水，二不加糖，三不加色，四不调香，完全靠自然形成。

6. 荣誉

1959年，沉缸酒被评为福建省名酒；在第二、三、四届全国评酒会上3次被评为国家名酒，并获得国家金质奖章；1984年，在轻工业部酒类质量大赛中，荣获金杯奖。

学习任务四　清酒及其服务

清酒与我国的黄酒是同一类型的低度米酒。

一、清酒的起源

清酒是借鉴中国黄酒的酿造方法发展起来的日本国酒。多年来，清酒一直是日本人最常喝的饮料酒。

据中国史料记载，古时候日本只有浊酒。后来有人在浊酒中加入石炭使其沉淀，取其清澈的酒液饮用，于是便有了“清酒”之名。7世纪时，百济(古朝鲜)与中国交流频繁，中国用曲种酿酒的技术也因此由百济传到日本，这使日本的酿酒业得到很大的发展。14世纪，日本的酿酒技术已经成熟，人们已能通过传统的酿造方法生产出上乘清酒。

二、清酒的分类

清酒按制作方法、口味和贮存期等，可分为以下几类。

(一) 按制作方法分类

1. 纯酿造清酒

纯酿造清酒即纯米酒，不添加食用酒精。此类产品多数外销。

2. 吟酿造清酒

制造吟酿造清酒时，要求所用原料的精米率在60%以下。日本酿造清酒很讲究糙米的精白度，以精米率衡量精白度，精白度越高，精米率就越低。精白后的米吸水快，容易蒸熟、糊化，有利于提高酒的质量。“吟酿造”被誉为“清酒之王”。

3. 增酿造清酒

增酿造清酒是一种浓而甜的清酒，在勾兑时添加食用酒精、糖类、酸类等原料调制而成。

(二) 按口味分类

1. 甜口酒

甜口酒的糖分较多，酸度较低。

2. 辣口酒

辣口酒的酸度高，糖分少。

3. 浓醇酒

浓醇酒的糖分含量较多，口味醇厚。

4. 淡丽酒

淡丽酒的糖分含量少，爽口。

5. 高酸味酒

高酸味酒的酸度高。

6. 原酒

原酒是制作后不加水稀释的清酒。

7. 市售酒

市售酒是原酒加水稀释后装瓶出售的清酒。

(三) 按贮存期分类

1. 新酒

新酒是压滤后未过夏的清酒。

2. 老酒

老酒是贮存过一夏的清酒。

3. 老陈酒

老陈酒是贮存过两个夏季的清酒。

三、清酒的特点

清酒色泽呈淡黄色或无色，清亮透明，具有独特的清酒香，口味酸度小，微苦，绵柔爽口，其酸、甜、苦、辣、涩味协调，酒度在16%左右，含多种氨基酸、维生素，是营养丰富的饮料酒。

四、清酒的生产工艺

清酒以大米为原料，将其浸泡、蒸煮后，拌以米曲进行发酵，制出原酒，然后经过过滤、杀菌、贮存、勾兑等一系列工序酿制而成。

清酒的制作工艺十分考究。精选的大米要经过磨皮，使大米精白，从而使其在浸泡时快速吸水，而且容易蒸熟；发酵分成前后两个阶段；杀菌处理在装瓶前后各进行一次，以确保酒的保质期；勾兑酒液时注重规格和标准。

五、清酒的饮用与服务

(1) 作为佐餐酒或餐后酒。

(2) 使用褐色或紫色玻璃杯，也可用浅平碗或小陶瓷杯。

(3) 清酒在开瓶前应贮存在低温黑暗的地方。

(4) 可常温饮用，以16度左右为宜，如需加温饮用，加温一般至40℃～50℃，温度不可过高，也可以冷藏后饮用或加冰块和柠檬饮用。

(5) 在调制马天尼酒时，清酒可以作为干味美思的替代品。

(6) 清酒陈酿并不能使其品质提高，开瓶后就应该放在冰箱里，并在6周内饮用完。

六、清酒中的名品

日本清酒常见的有月桂冠、大关、白雪、松竹梅和秀兰，最新品种有浊酒等。

(一) 浊酒

浊酒是与清酒相对的。清酒醪经压滤后所得的新酒，静止一周后，抽出上清部分，其留下的白浊部分即为浊酒。浊酒的特点是有生酵母存在，会持续发酵产生二氧化碳，因此应用特殊瓶塞和耐压瓶子盛装。装瓶后加热到65℃灭菌或低温贮存，并尽快饮用。此酒被认为外观珍奇，口味独特。

(二) 红酒

在清酒醪中添加红曲的酒精浸泡液，再加入糖类及谷氨酸钠，调配成具有鲜味且糖度与酒度均较高的红酒。由于红酒易褪色，在选用瓶子及库房时要注意避光，并尽快饮用。

(三) 红色清酒

红色清酒是在清酒醪主发酵结束后，加入60度以上的酒精红曲浸泡制成的。红曲用量以制曲原料的多少来计算，为总米量的25%以下。

(四) 赤酒

赤酒在第三次投料时，加入总米量2%的麦芽以促进糖化。另外，在压榨前一天加入一定量的石灰，在微碱性条件下，糖与氨基酸结合成氨基糖，呈红褐色，并不使用红曲。此酒为日本熊本县特产，多在举行婚礼时饮用。

(五) 贵酿酒

贵酿酒与我国黄酒类的善酿酒的加工原理相同。制作时投料水的一部分用清酒代替，使醪的温度达9℃～10℃，以抑制酵母的发酵速度，而糖化生成的浸出物则残留较多，可制成浓醇香甜型的清酒。此酒多以小瓶包装出售。

(六) 高酸味清酒

高酸味清酒是利用白曲霉及葡萄酵母，采用高温糖化酵母，醪发酵最高温度为21℃，发酵9天制成的类似干葡萄酒型的清酒。

(七) 低酒度清酒

低酒度清酒的酒度为10%～13%，适合女士饮用。低酒度清酒在市面上有三种：一是普通清酒(酒度为12%左右)加水；二是纯米酒加水；三是柔和型低度清酒，是在发酵后期追加水与曲，使醪继续糖化和发酵，待最终酒度达12%时压榨制成的。

(八) 长期贮存酒

老酒型的长期贮存酒，为添加少量食用酒精的本酿造酒或纯米清酒。贮存时应尽量避免光线直射和接触空气。贮存期在5年以上的酒称为“秘藏酒”。

(九) 发泡清酒

发泡清酒的制作流程：将清酒醪发酵10天后进行压榨，滤液用糖化液调整至3个波美度，加入新鲜酵母再发酵；将室温从15℃逐渐降到0℃以下，使二氧化碳大量溶解于酒中；再用压滤机过滤，以原曲耐压罐贮存，在低温条件下装瓶，瓶口加软木塞，并用铁丝固定，在60℃的条件下灭菌15分钟。发泡清酒在制法上，兼具啤酒和清酒酿造工艺；在风味上，兼备清酒及发泡性葡萄酒的风味。

(十) 活性清酒

活性清酒为不杀死酵母即出售的清酒。

(十一) 着色清酒

将色米的食用酒精浸泡液加入清酒中，便成着色清酒。中国台湾地区和菲律宾的褐色米、日本的赤褐色米、泰国及印度尼西亚的紫红色米，表皮都含有花色素系的黑紫色或红色素成分，是生产着色清酒的首选色米。

单元小结

本单元以葡萄酒、啤酒、黄酒、清酒为代表，系统讲授了发酵酒及其服务的相关理论知识，以发酵酒的概念、起源、生产工艺、主要产地、名品、饮用服务与贮藏要求为主线构建知识框架，充实学生理性认识，对提升学生的酒文化素养和培养学生的学习兴趣具有十分重要的意义。

单元测试

1. 白葡萄酒与红葡萄酒的区别有哪些？
2. 简述葡萄酒的保质期、年份识别。
3. 简述葡萄酒的保管和品评。
4. 简述葡萄酒的饮用与服务程序。
5. 简述香槟酒的品评与服务程序。
6. 简述香槟酒与菜肴的搭配及其最佳饮用温度。
7. 简述如何看啤酒的商标。
8. 简述啤酒质量鉴别方法。
9. 简述啤酒的品评、病酒识别及啤酒服务程序。

10. 简述黄酒病酒的识别及黄酒的品评饮用。
11. 简述清酒的饮用与服务程序。

课外实训

结合实物，了解葡萄酒、啤酒、黄酒、清酒的饮用与服务方法。

学习单元三
蒸馏酒及其服务

课前导读

蒸馏酒是将经过发酵的水果或谷物等酿酒原料加以蒸馏、提纯、酿制而成的酒，酒精含量较高。蒸馏酒通常指酒精含量在38%以上的烈性酒，与葡萄酒、啤酒等原汁酒的酿造历史相比，蒸馏酒是一种比较年轻的酒种。蒸馏酒诞生于欧洲中世纪初期，经过近千年的演变，蒸馏酒现已成为世界上十分畅销的酒精饮料。世界上著名的蒸馏酒主要包括白兰地、威士忌、朗姆酒、伏特加酒、金酒、特基拉酒等。中国的白酒也属于此范畴。

本章主要论述蒸馏酒的含义、特点、种类、工艺及名品。论述的主要对象包括白兰地、威士忌、金酒、伏特加酒、朗姆酒、特基拉酒和中国白酒。

学习目标

知识目标：

1. 了解各蒸馏酒的起源及工艺；
2. 熟悉各蒸馏酒的特点及分类；
3. 掌握各蒸馏酒的饮用与服务方法。

能力目标：

通过对本单元的学习，能够准确、熟练地掌握各蒸馏酒的饮用与服务方法。

学习任务一　白兰地酒及其服务

一、白兰地酒的特点

白兰地是英文Brandy的译音，源自荷兰语“Brandewijn”，意思是“燃烧的葡萄酒”。白兰地有两种含义：一种是指以葡萄为原料，经发酵、蒸馏而成，在橡木桶中贮藏的烈性酒，酒精度为40%～48%，称为“Brandy”，即我们通常所说的“白兰地”。另一种是指以水果为原料，经发酵、蒸馏而成的酒，这些水果包括葡萄、苹果、樱桃等，它常在白兰地前面加上水果原料的名称。如苹果白兰地“AppleJack”、樱花白兰地“Cherry

Brandy”等，白兰地如图3-1所示。

图3-1　白兰地

白兰地长期在橡木桶中陈酿，上乘的白兰地酒液呈琥珀色，晶莹剔透，香味独特，素有“可喝的香水”之美称。白兰地酒酿造工艺精湛，尤其讲究陈酿的时间和勾兑的技艺。白兰地的酒龄为20～40年，干邑地区厂家贮存在橡木桶中的白兰地，酒龄可达40～70年。在众多的白兰地酒中，法国干邑白兰地品质最佳，被誉为“白兰地之王”。对白兰地的品鉴通常包括“观色、闻香、尝味”三个步骤。

二、白兰地酒的起源

18世纪初，法国的查伦泰河(Charente)的La Rochelle码头因交通方便，成为酒类出口的商埠。由于当时整箱葡萄酒占船的空间很大，在运输途中，葡萄酒由于各种原因又常常会变质。于是法国人便想出了蒸馏的办法，即去掉葡萄酒中的水分，提高葡萄酒的纯度，并注入橡木桶中加以运输，到目的地后再兑水稀释发售。这样不仅解决了葡萄酒容易变质的问题，而且缩小了酒液体积，大大降低了运输成本。这种酒的酒度较高，点火会燃烧起来，因此称这种白色葡萄烈酒为“Brandewijn”，意思是“可以燃烧的葡萄”。白兰地(Brandy)这个词由此演变而来。

三、白兰地酒的生产工艺

白兰地酒以葡萄为生产原料，经过榨汁、发酵、蒸馏，装入橡木桶中熟化，再与新酒勾兑，终成白兰地。经过橡木桶中熟化的白兰地使原来无色透明的酒液呈现出诱人的琥珀色，同时具有各葡萄品种的香气和含蓄优雅的橡木香，这也改变了葡萄酒过酸的味道，使其成为具有独特风味的烈性酒。

白兰地通常是由多种不同酒龄和地区的白兰地掺兑而成的，即将不同地区、不同酒龄的白兰地勾兑到一起，使白兰地的色、香、味能更好地融合，其本身也变得更加有价值。

四、白兰地酒的产地及名品

世界上生产白兰地的国家很多，主要有法国、西班牙、意大利、葡萄牙、美国等，绝大多数著名品牌的白兰地都在法国生产，法国著名的白兰地有三种：干邑白兰地(Cognac Brandy)、雅马邑白兰地(Armagnac Brandy)和渣酿白兰地(Marc Brandy)。其中以法国南部科涅克地区所出产的干邑白兰地最醇、最好，被人们称为“白兰地之王”。所有的“干邑”都是白兰地，但不是所有的白兰地都可称为“干邑”。法国科涅克地区独有的阳光、温度、气候、土壤极适合酸甜度适中的葡萄生长，用此葡萄蒸馏的白兰地的品质可说是无与伦比。因此，只有科涅克地区的白兰地才有资格称为“干邑”并且能够受到该国法律的保护。

(一) 法国白兰地

法国白兰地是全世界最好的白兰地。法国白兰地以干邑(Cognac)和雅马邑(Armagnac)两地区出产的最有名。法国白兰地可以区分为许多等级。

1. 干邑白兰地(Cognac Brandy)

干邑白兰地的品质为世界最佳。早在公元1909年，法国对白兰地的生产区域、葡萄品种和蒸馏法就有了严格的规定，只有在夏朗德(Charente)河边的干邑(Cognac)城镇所产的白兰地酒，才可冠上Cognac的名称。

2. 雅马邑白兰地(Armagnac Brandy)

雅马邑白兰地的品质仅次于干邑白兰地，与干邑白兰地的最大差别在于蒸馏方式不同，以及该白兰地窖藏时是采用Monlezun森林的黑橡木桶。因此，雅马邑地区所生产的白兰地风味独特，色泽较深。雅马邑白兰地窖藏的时间较干邑白兰地要短。

3. 法国白兰地(French Brandy)

法国除了干邑和雅马邑之外的其他地区所生产的白兰地，皆属于法国白兰地。

4. 渣酿白兰地(Marc Brandy)

渣酿白兰地是使用制作葡萄酒后剩余的葡萄渣发酵蒸馏而成的。法国各地皆有出产，以勃根地所产的品质最好。在意大利，此种类型的酒称为Grappa。

5. 苹果白兰地(Calvados Brandy)

苹果白兰地的产地是法国北部诺曼底的一个小镇，是苹果酒的生产中心。法国所生产的苹果白兰地要陈放10年左右才能出售。

法国白兰地名品有轩尼诗、马爹利、人头马和拿破仑等。

(二) 西班牙白兰地

西班牙白兰地的品质仅次于法国，产量也很大。主要产地在拉曼恰(La mancha)，因产品具有雪莉酒的果香，口感偏甜而带土壤味，适合饭后饮用。

西班牙白兰地名品有卡洛斯、达副戈顿、方瑞和三得门等。

(三) 美国白兰地

美国白兰地中的一部分产于加州，它以加州产的葡萄为原料，发酵蒸馏至85度，贮存在白色橡木桶中至少两年，有的加焦糖调色。另外，美国还生产一种以苹果为原料的苹果白兰地。美国白兰地以苹果白兰地(Apple Jack)最为著名。

美国白兰地名品有教友白兰地、果渣白兰地、伍德梅和保尔门生等。

(四) 意大利白兰地

意大利白兰地的生产年代较早，最初生产果渣白兰地(Grappa)，后来正式生产白兰地。意大利白兰地的口味比较浓重，饮用时最好加冰或加水冲调。

意大利白兰地名品有布顿、斯多克和贝佳罗等。

五、白兰地酒的饮用服务

白兰地的饮用方法多种多样，白兰地酒常作为开胃酒和餐后酒饮用。除了整瓶销售，白兰地通常以杯为单位销售，每杯的标准容量为28ml(一盎司)。

白兰地酒虽属高度酒，但与其他烈酒相比，其饮用服务方式非常讲究，对载杯、分量、方法等都有严格的要求。人们很早就认识到，人们对白兰地的钟爱除了乐品其味，更重要的是乐闻其香。因此，有人发明了一种白兰地球型杯，此杯口小肚大，专门用来配合饮用白兰地。口小的作用是杯中留香时间长，肚大的作用是方便人们用体温来温酒。与平时饮用不同，鉴赏白兰地是用高身的郁金香杯，此杯可使白兰地的香气缓缓上升，欣赏者可以慢慢品味其层次多变的独特酒香。

白兰地的饮用方法主要有以下三种。

(一) 净饮

白兰地主要作为餐后用酒，享用白兰地的最好方法是不加任何东西净饮，特别高档的白兰地更要如此，这样才能品尝出白兰地的醇香。倒在杯子里的白兰地以一盎司为宜，饮用时，人们往往用手托住白兰地球型杯，逆时针方向转动，这样通过体温和转动，使白兰地温度增高，加速香气的扩散。服务方式是将大肚杯横放于桌上，以白兰地不溢出为准。

根据客人选择的品种，用量杯量出28ml(一盎司)的白兰地，倒入白兰地杯中，送到客人面前，放在客人的右手边。

(二) 加冰、加水饮用

上好的白兰地净饮为最佳，如果加入水或冰，会破坏其特有的香气，失去其原有的味道。但普通白兰地若直接饮用会有酒精刺喉的感觉，加冰掺水能使酒精得到稀释，减轻刺激，保持白兰地的风味。

具体做法：将冰块或矿泉水放入杯中，然后根据客人选用的白兰地酒，用量杯量出28ml(一盎司)倒入杯中，送至客人面前。或另外用水杯配一杯冰水，客人每喝完一口白兰地，就喝一口冰水。

(三) 混合饮用

因白兰地有浓郁的香味，它还常被用作鸡尾酒的基酒，常和各种利口酒一起调制鸡尾酒。另外也与果汁、碳酸饮料、奶、矿泉水等一起调制混合饮料。

以白兰地为基酒调制的常饮鸡尾酒有以下几种。

1. 醉汉

(1) 材料：42ml白兰地，21ml白薄荷香甜酒。

(2) 调制方法：摇和法。

(3) 载杯：鸡尾酒杯。

2. 侧车

(1) 材料：42ml白兰地，14ml白柑橘香甜酒。

(2) 调制方法：摇和法。

(3) 载杯：鸡尾酒杯。

3. 蛋酒

(1) 材料：56ml白兰地，适量姜汁汽水。

(2) 调制方法：直接注入法。

(3) 载杯：高球杯。

4. B对B

(1) 材料：14ml白兰地，14ml班尼狄克丁香甜酒。

(2) 调制方法：漂浮法。

(3) 载杯：利口酒杯。

5. 白兰地亚历山大

(1) 材料：28ml白兰地，28ml深色可可香甜酒。

(2) 调制方法：摇和法。

(3) 载杯：鸡尾酒杯。

学习任务二 威士忌酒及其服务

一、威士忌酒的特点

威士忌酒是英语“Whisky”的音译，源于爱尔兰语“Uisge Beatha”，意为“生命之水”，经过多年才逐渐演变成“Whiskey”。不同国家对威士忌的写法也有差异，“Whiskey”是指爱尔兰威士忌和美国威士忌，而苏格兰威士忌和加拿大威士忌则用Whisky。威士忌是以大麦、黑麦、燕麦、小麦、玉米等谷物为原料，经发酵、蒸馏后放入橡木桶中醇化而酿成的高酒度饮料酒。

图3-2 威士忌

威士忌酒精含量为40%～60%，大多呈棕红色，清澈透亮，气味焦香，清香优雅，口感醇厚绵柔。威士忌贮存越久，颜色会越深，口感也越香醇。

由于威士忌在生产过程中所用的原料、水质、蒸馏方式、贮存年限等不同，它所具有的风味特点也不尽相同。威士忌如图3-2所示。

二、威士忌酒的起源

中世纪初的人们在炼金时偶然发现，在炼金用的坩埚中放入某种发酵液，会产生酒精度较高的液体，这便是人类初次获得的蒸馏酒。人们把这种酒用拉丁语称做“Aquavitae”(生命之水)。后来，这种酒的制法也越过海洋传到爱尔兰。爱尔兰人把当地生产的麦酒蒸馏后，生产出烈性的酒精饮料，并把“Aquavitae”直接译为“Visge-beatha”，这样威士忌(Whisky)便诞生了。后来爱尔兰人将威士忌的生产技术带到苏格兰。此后，威士忌酒的酿造技术在苏格兰被发扬光大。

三、威士忌酒的生产工艺

威士忌的制造过程一般是将上等的大麦浸于水中，使其发芽；生成麦芽后，送入窑炉中，用泥炭烘烤，将麦芽烘干；再将其加工磨碎后制成麦芽糊；然后，将其发酵制成麦汁；发酵完成后放入蒸馏器中蒸馏数次，后装入橡木桶中贮藏熟化，使其成熟；最后进行勾兑。

四、威士忌酒的产地及名品

威士忌的产地很多，主要生产国大多是英语国家，如英国的苏格兰、爱尔兰以及美国和加拿大。其中，以苏格兰威士忌最具代表性。当地人选用一种特有的泥煤烧烤、烘焙麦子，使苏格兰威士忌具有独特的泥土芳香和烟熏味道。

(一) 苏格兰威士忌

苏格兰威士忌是最负盛名的世界名酒，在苏格兰有著名的四大产区，即高地(Highland)、低地(Lowland)、康贝尔镇(Campbel Town)和艾莱岛(Islay)。苏格兰威士忌与其他国家威士忌相比，具有独特的风格，品尝美酒能使人感受到浓厚的苏格兰乡土气息，口感甘洌、醇厚、圆正、绵柔。苏格兰威士忌有上千个品种，按照原料和酿造方法的不同，分为纯麦威士忌、谷类威士忌和兑合威士忌三种。

苏格兰威士忌的名品有皇家礼炮21年、百龄、珍宝、高地女王等。

(二) 爱尔兰威士忌

爱尔兰威士忌的风格和苏格兰威士忌比较接近。其中，最大的差别在于，爱尔兰威士忌在烘干麦芽时，没有使用泥煤，所以没有最明显的烟熏焦香味，口味比较绵柔长润。爱尔兰威士忌比较适合制作混合酒和与其他饮料掺兑共饮。除此之外，爱尔兰威士忌是世界上唯一需经三次蒸馏而成的威士忌，酒质更为清爽。

爱尔兰威士忌的名品有詹姆士、布什米尔、吉姆逊父子和莫菲等。

(三) 美国威士忌

美国是世界上最大的威士忌生产国和消费国。美国制造威士忌的方式与苏格兰制造谷物威士忌的方式相似，但所用原料有所不同，蒸出的酒精纯度也较低。美国威士忌的主要生产地在美国肯塔基州的波旁地区，所以美国威士忌也被称为波旁威士忌。

美国威士忌的酒液呈棕红色微带黄，清澈透亮，酒香优雅，口感醇厚、绵柔，回味悠长，酒体强健壮实。

美国威士忌的名品有波旁豪华、乔治·华盛顿、四玫瑰和古安逊特等。

(四) 加拿大威士忌

加拿大威士忌属于调配威士忌，是由玉米与少量的裸麦、小麦及大麦麦芽酿制而成的。著名产品是裸麦威士忌酒和混合威士忌酒。加拿大威士忌酒液呈棕黄色，酒香芬芳，口感清爽。这种独特的风味，是由较冷气候和水质对谷物产生影响，以及蒸馏完马上调配促成的。

加拿大法律规定，威士忌要贮存于木桶内至少2年才能装瓶，上市的酒要贮藏6年以上。

加拿大威士忌的名品有加拿大俱乐部、皇冠、亚伯达和古董等。

五、威士忌酒的饮用服务

威士忌酒常作为餐酒或餐后酒饮用，除了整瓶销售，威士忌通常以杯为单位销售，每杯的标准容量为28ml(一盎司)。

客人通常习惯使用不同方法饮用威士忌，因此，在为客人提供威士忌服务时，应事先询问客人的饮用方法。

威士忌的饮用方法主要有以下三种。

(一) 净饮

高年份的威士忌宜净饮，才不失其香醇。净饮时所用载杯宜使用利口杯或古典杯。在酒吧中，常用“Straight”或“↑”标号表示威士忌的净饮。

根据客人选择的品种，用量杯量出28ml(一盎司)的威士忌，倒入古典杯中，送到客人面前，放在客人的右手边。

(二) 加冰饮用

威士忌只有在加冰后才能散发出它特有的香味，其中包括焦炭、烟熏、麦香和泥土的芳香。加冰饮时所用载杯宜使用古典杯。在酒吧中，常用“Whisky on the rock”来表示威士忌加冰。

将数块冰放在古典杯中，然后根据客人选用的威士忌酒，用量杯量出28ml(一盎司)倒入古典杯中，送至客人面前。

(三) 混合饮用

威士忌可与果汁或碳酸饮料混合饮用。混合饮用时，宜使用柯林杯。还可将其作为基酒配制鸡尾酒，常选用口味温和的威士忌品种。

以威士忌为基酒调制的常饮鸡尾酒有以下几种。

1. 教父

(1) 材料：42ml波本威士忌，适量姜汁汽水。

(2) 调制方法：直接注入法。

(3) 载杯：高球杯。

2. 马颈

(1) 材料：56ml苏格兰威士忌，14ml杏仁香甜酒。

(2) 调制方法：直接注入法。

(3) 载杯：高球杯。

3. 纽约

(1) 材料：42ml波本威士忌，14ml莱姆汁，7ml红石榴糖浆。

(2) 调制方法：摇和法。

(3) 载杯：鸡尾酒杯。

4. 威士忌酸酒

(1) 材料：42ml波本威士忌，21ml柠檬汁，21ml糖水。

(2) 调制方法：摇和法。

(3) 载杯：酸酒杯。

5. 曼哈顿

(1) 材料：42ml波本威士忌，21ml甜苦艾酒，1滴安格式苦精。

(2) 调制方法：搅拌法。

(3) 载杯：鸡尾酒杯。

学习任务三　金酒及其服务

一、金酒的特点

金酒是一种以谷物为主要原料，加入杜松子等香料酿造而成的蒸馏酒，所以又称杜松子酒。在我国港台地区，人们又称它为“琴酒”。它是一种色泽透明清亮、有浓郁的松子香和麦芽香味的烈酒，其酒度为35%～55%。一般金酒酒度越高，酒质就越好。

金酒分为两大类，一类是荷式金酒，其口味甜浓，口感厚重，杜松子香味浓郁；另一类是英式金酒，英式金酒又称伦敦干金酒，其口味干爽略带杜松子的芳香。

二、金酒的起源

金酒是在1660年由荷兰莱顿大学(University of Leyden)一名叫西尔维斯(Sylvius)的教授研制成功的。最初西尔维斯发现杜松子中含有一种成分可以解热，于是将其加入酒精中一起蒸馏，产生的液体作为利尿、解热的药品在药店销售，以此帮助在东印度地域活动的荷兰商人、海员和移民预防热带疟疾。后来威廉三世统治英国时，英国海军从荷兰运回大批金酒，于是金酒随之传入英国。以后这种用杜松子果浸于酒精中制成的杜松子酒逐渐被人们接受，成为一种新的饮料。金酒如图3-3所示。

金酒虽然源于荷兰，却是由英国人对其原料及酿造技术进行不断改良才使其被推广到世界各地的。

图3-3　金酒

三、金酒的生产工艺

(一) 荷式金酒

荷式金酒以大麦芽为主要原料，以杜松子和其他香料为调香材料，发酵后，蒸馏三次获得谷物蒸馏原酒，然后加入杜松子香料再蒸馏，最后去掉酒头酒尾，酿成独特的荷式金酒。

(二) 英式金酒

英式金酒的生产过程比荷兰金酒简单。英式金酒主要是以玉米为主要原料，经过糖化、发酵、蒸馏得高度酒精后，加入杜松子、柠檬皮、肉桂等原料，再进行第二次蒸馏，即获得英式金酒。

四、金酒的产地及名品

金酒最著名的生产国是荷兰、英国、加拿大、美国、巴西等。其中，以荷式金酒和英式金酒最为著名。

(一) 荷式金酒

荷式金酒产于荷兰，主要产区集中在阿姆斯特丹和斯希丹。荷式金酒是荷兰人的国酒。荷式金酒的主要生产国有荷兰、比利时和德国。

荷式金酒的名品有波尔斯、波克马、亨克斯和哈瑟坎坡等。

(二) 英式金酒

英式金酒的生产主要集中于伦敦。英式金酒的主要生产国有英国、美国和印度。

英式金酒的名品有哥顿、比发达、老汤姆和老妇人等。

五、金酒的饮用服务

金酒常作为餐前酒或餐后酒饮用，在酒吧，通常以杯为销售单位，每杯的标准容量为28ml(一盎司)。金酒的饮用方法通常有以下三种。

(一) 净饮

荷式金酒的口味过于甜浓，可以盖过任何饮料，所以只适合净饮，不宜做调制鸡尾酒的基酒，否则会破坏配料的平衡香味。净饮时常用利口酒杯或古典杯。

一般先将金酒放入冰箱冷藏，或在冰桶中冰镇几分钟，然后用量杯量出冰镇过的金酒，倒入利口酒杯或古典杯中，送至客人右手边。

(二) 加冰饮用

荷式金酒也可按客人要求在古典杯中放入数块冰块，然后用量杯量出28ml金酒，倒入加冰块的古典杯中，再放入一片柠檬，送至客人右手边。

(三) 混合饮用

英式金酒口味干爽，一般不作为纯酒饮用，通常与汤力水、果汁、汽水等混合饮用，或作为调制鸡尾酒的基酒。英式金酒素有“鸡尾酒的核心酒”的美称，是调制鸡尾酒使用最多的基酒。兑饮时常用直身平底杯。

以金酒为基酒调制的常饮鸡尾酒有以下几种。

1. 红粉佳人

(1) 材料：28ml金酒，14ml蛋清，14ml柠檬汁，7ml红石榴糖浆。

(2) 调制方法：摇和法。

(3) 载杯：鸡尾酒杯。

2. 蓝鸟

(1) 材料：42ml金酒，14ml白柑橘香甜酒，7ml蓝柑橘糖浆，1滴安格式苦精。

(2) 调制方法：搅拌法。

(3) 载杯：鸡尾酒杯。

3. 新加坡司令

(1) 材料：28ml金酒，28ml柠檬汁，14ml红石榴糖浆，14ml樱桃白兰地酒，适量苏打水。

(2) 调制方法：摇和法。

(3) 载杯：柯林杯。

4. 金奎宁

(1) 材料：56ml金酒，适量奎宁水。

(2) 调制方法：直接注入法。

(3) 载杯：高飞球杯。

5. 夏威夷酷乐

(1) 材料：28ml金酒，14ml白柑橘香甜酒，14ml柠檬汁，适量苏打水。

(2) 调制方法：直接注入法。

(3) 载杯：高飞球杯。

学习任务四 伏特加酒及其服务

一、伏特加酒的特点

伏特加的名字源于俄语中的“Boska”一词，意为“水酒”，其英语名字为“Vodka”，即俄得克，所以伏特加又称为俄得克酒。它是以马铃薯、玉米等为原料，经发酵、蒸馏、过滤后制成的高纯度烈性酒。伏特加酒无色、无味、无臭、不甜、不酸、不涩，而有一些伏特加酒配以药草、干果仁、浆果香料等，增加了味道和颜色。伏特加如图3-4所示。

图3-4 伏特加

二、伏特加酒的起源

最早的伏特加酒生产于11世纪莫斯科附近的小城，直到13世纪，伏特加的生产技术才流传至整个俄国，后又传至波兰、芬兰等地。18世纪中末期，沙皇御用的化学师发明了使用木炭净化伏特加酒的方法。40年后，莫斯科建立了第一个伏特加酒厂。

19世纪，伏特加的生产技术被带到美国，随着伏特加在鸡尾酒中被广泛使用，其在美国也逐渐盛行，并成为西欧国家流行的饮品。

三、伏特加酒的生产工艺

伏特加是俄罗斯最具代表性的烈性酒，其酿造工艺与众不同。伏特加开始用小麦、黑麦、大麦等原料酿制而成，到18世纪以后，就开始采用土豆和玉米等原料酿制。

伏特加的生产过程：首先将谷物原料粉碎，通过蒸煮、发酵、连续蒸馏的方式获得90%的高纯度烈酒；其次用木炭精或石英砂过滤，去除所有残渣；再次放入不锈钢或玻璃容器中熟化；最后勾兑成理想酒度的伏特加酒。

四、伏特加酒的产地及名品

世界上有很多国家生产伏特加酒，如美国、波兰、丹麦等，但俄罗斯生产的伏特加质量最好。

(一) 俄罗斯伏特加

俄罗斯是伏特加最著名的生产国，伏特加的种类齐全，名品极多。最初的用料是大麦，后来逐渐改用含淀粉的玉米、土豆。俄罗斯伏特加酒液无色，清亮透明如晶体，口味凶烈，劲大冲鼻。

俄罗斯伏特加酒的名品有莫斯科绿牌、首都红牌、波士伏特加、俄罗卡亚等。

(二) 波兰伏特加

波兰伏特加在世界上颇有名气，它的酿造工艺与苏联伏特加相似，区别是波兰人在酿造过程中，加入许多花卉、植物、果实等调香原料，使得波兰伏特加与俄罗斯伏特加相比更富韵味。

波兰伏特加酒的名品有维波罗瓦、兰野牛、朱波罗卡、哥萨尔佳等。

(三) 其他国家伏特加

(1) 美国有斯米尔诺夫、西尔弗拉多、沙莫瓦等。

(2) 英国有夫拉地法特、哥萨克、皇室伏特加等。

(3) 芬兰有芬兰地亚等。

五、伏特加酒的饮用服务

伏特加通常作为佐餐酒或餐后酒饮用，通常以杯为销售单位，每杯的标准容量为28ml(一盎司)。伏特加酒的饮用方法通常有以下三种。

(一) 净饮

净饮是伏特加酒的主要饮用方式，饮时备一杯凉水，以常温服侍。净饮用利口酒杯盛饮。由于伏特加酒不像其他烈酒那样有刺鼻的气味，人们常常选择快饮(干杯)的方式。

(二) 加冰饮用

伏特加还可以加冰饮用，方法是按客人要求在古典杯中放入数块冰块，然后用量杯量出28ml金酒，倒入加冰块的古典杯中，再放入一片柠檬，送至客人右手边。

(三) 混合饮用

伏特加无色无味，因此非常适宜兑苏打水或果汁饮料饮用。方法是先把冰块放在杯内，再倒酒，最后加水或其他软饮料。兑苏打水或果汁饮料需用海波杯盛载。

在各种调制鸡尾酒的基酒中，伏特加酒可以说是最具有灵活性、适应性和变通性的一种酒。

以伏特加为基酒调制的常饮鸡尾酒有如下几种。

1. 螺丝钻

(1) 材料：56ml伏特加，适量柳橙汁。

(2) 调制方法：直接注入法。

(3) 载杯：高飞球杯。

2. 顿河

(1) 材料：28ml伏特加，14ml白柑橘香甜酒，14ml莱姆汁。

(2) 调制方法：摇和法。

(3) 载杯：古典杯。

3. 咸狗

(1) 材料：56ml金酒，适量葡萄柚汁。

(2) 调制方法：直接注入法。

(3) 载杯：高飞球杯。

4. 血玛丽

(1) 材料：28ml伏特加，14ml柠檬汁，1滴辣酱油，1滴酸辣油，胡椒、盐少许，适量番茄汁。

(2) 调制方法：直接注入法。

(3) 载杯：高飞球杯。

5. 黑色俄罗斯

(1) 材料：42ml伏特加，28ml咖啡香甜酒。

(2) 调制方法：直接注入法。

(3) 载杯：古典杯。

学习任务五 朗姆酒及其服务

一、朗姆酒的特点

朗姆酒是“Rum”的音译，“Rum”一词来自古英文“Rumbullion”，有“兴奋、骚动”之意。朗姆酒是一种带有浪漫色彩的酒，具有冒险精神的人都喜欢用朗姆酒作为他们的饮料，加勒比海盗曾把朗姆酒当作不可缺少的壮威剂，所以朗姆酒有“海盗之酒”的雅号。

图3-5 朗姆酒

朗姆酒是用甘蔗、甘蔗糖浆、糖蜜、糖用甜菜或其他甘蔗的副产品，经发酵、蒸馏制成的烈性酒，其酒度为42%～50%。朗姆酒是蒸馏酒中最具香味的酒，在制作过程中，可以对酒液进行调香，制成系列香味的成品酒，如清淡型、芳香型、浓烈型等。朗姆酒的颜色多种多样，有无色、棕色、琥珀色等。朗姆酒如图3-5所示。

二、朗姆酒的起源

朗姆酒源于西印度群岛，17世纪初，西印度群岛的欧洲移民开始以甘蔗为原料制造一种廉价的烈性酒，主要给种植园的奴隶饮用以缓解他们的疲劳。这种酒就是现在的朗姆酒的雏形。到了18世纪，随着世界航海技术的进步以及欧洲各国殖民地政府对这种酒的大力推广，朗姆酒开始在世界各地生产并流行。

三、朗姆酒的生产工艺

朗姆酒是以甘蔗为原料，经煮沸、压榨得到浓缩的糖，澄清后得到稠糖蜜，经过除糖、发酵、蒸馏后得到无色酒液，再放入木桶中陈酿后形成的烈性酒。

四、朗姆酒的产地及名品

朗姆酒是世界上消费量最大的酒品之一，朗姆酒产于盛产甘蔗及蔗糖的地区。目前有许多国家和地方生产朗姆酒，如波多黎各、牙买加、古巴、夏威夷、墨西哥、圭亚那等。其中，以波多黎各和牙买加最具代表性。

(一) 波多黎各

波多黎各生产的朗姆酒以清淡著称，它是让蜜糖充分发酵，采用连续蒸馏的方法制成，置于玻璃或不锈钢容器中陈酿，酒液无色清澈，蔗糖香味清新。

波多黎各朗姆酒的名品有百家得、尤里格、唐Q等。

(二) 牙买加

牙买加朗姆酒以浓醇著称，它是将蒸馏后的酒液放入橡木桶内陈酿而成，酒液呈浓褐色，味浓醇厚，甘蔗香味突出。

牙买加朗姆酒的名品有美雅士、古老牙买加、摩根船长等。

五、朗姆酒的饮用服务

朗姆酒通常作为餐前或餐后酒饮用，通常以杯为销售单位，每杯的标准容量为28ml(一盎司)。朗姆酒的饮用方法通常有以下三种。

(一) 净饮

朗姆酒的独特风味只有在直接饮用时才能品味到，所以，生产朗姆酒的国家的人们，多将它直接饮用，而不加以调制。净饮时用利口酒杯或古典杯盛载。如果是白朗姆酒，还要在杯中放入一片柠檬。

(二) 加冰饮用

朗姆酒还可以加冰或加水饮用。加冰饮用时用古典杯盛载。方法是按客人要求在古典杯中放入数块冰块，然后用量杯量出28ml朗姆酒，倒入加冰块的古典杯中，再放入一片柠檬，送至客人右手边。

(三) 混合饮用

朗姆酒也可与汽水、果汁等一起调制成混合饮料。在美国，大多数的朗姆酒都用来调制鸡尾酒。

以朗姆酒为基酒调制的常饮鸡尾酒有以下几种。

1. 自由古巴

(1) 材料：56ml深色朗姆酒，14ml柠檬汁，适量可乐。

(2) 调制方法：直接注入法。

(3) 载杯：高飞球杯。

2. 迈泰

(1) 材料：28ml朗姆酒，14ml深色朗姆酒，84ml凤梨汁，28ml柳橙汁，14ml糖水，9ml红石榴糖浆。

(2) 调制方法：摇和法。

(3) 载杯：古典杯。

3. 加州宾治

(1) 材料：28ml白朗姆酒，84ml柳橙汁，适量苏打水。

(2) 调制方法：直接注入法。

(3) 载杯：高飞球杯。

4. 高潮

(1) 材料：200ml朗姆酒，100ml莱姆汁，100ml香蕉酒，1滴酸辣油，胡椒、盐少许，适量番茄汁。

(2) 调制方法：搅和法。

(3) 载杯：鸡尾酒杯。

5. 天蝎座

(1) 材料：28ml白朗姆酒，14ml白兰地酒，56ml柳橙汁，56ml凤梨汁，28ml糖水。

(2) 调制方法：搅拌法。

(3) 载杯：柯林杯。

学习任务六　特基拉酒及其服务

一、特基拉酒的特点

特基拉酒是墨西哥的特产，它产于墨西哥的第二大城市格达拉哈拉附近的小镇——特基拉，并以此命名。它以墨西哥珍贵的植物龙舌兰的根茎为原料，经过发酵、蒸馏制成，因此又称龙舌兰酒。特基拉酒的酒度为38%～44%，口味浓烈，带有龙舌兰的芳香。由于陈酿的时间不同，使得特基拉酒的颜色差异很大，未经橡木桶陈酿的特基拉酒呈无色透明状，在橡木桶中陈酿一定年份的特基拉酒呈橡木色。特基拉酒如图3-6所示。

图3-6　特基拉酒

二、特基拉酒的起源

据传说，18世纪中叶，墨西哥中部的哈里斯科州(Jalisco)的阿奇塔略火山爆发。大火过后，地面上到处是烧焦的龙舌兰，而空气中则充满一种怡人的香草香味，于是当地村民就将烧焦的龙舌兰砸烂，发现竟流出一股巧克力色泽的汁液来，放入口中品尝后，才知道龙舌兰具有极好的甜味。于是墨西哥早期的西班牙移民就将龙舌兰通过压榨出汁，然后将汁液发酵、蒸馏制造出无色透明的烈性酒。随后，酿造厂为了寻求上等的龙舌兰原料而来到特基拉镇(Tequila)，从此以后特基拉镇成为龙舌兰酒最主要的产地。因此，龙舌兰酒也被称为特基拉酒。

三、特基拉酒的生产工艺

特基拉酒的制造工艺：把龙舌兰植物外层的叶子砍下，取其中心部位的果实；然后把它放入炉中蒸煮，将蒸煮过的果实用另一台机器挤压成汁发酵；在单式蒸馏器中蒸馏两次，将蒸馏获得的酒液放入橡木桶中陈酿。

四、特基拉酒的产地及名品

特基拉酒是墨西哥的国酒，被称为墨西哥的灵魂。墨西哥法律规定，只有在正式批准的地区——特基拉镇周围的产区，以及特帕蒂特兰周围的附属区生产的达标的酒，才可以称为特基拉酒，除此之外，只能叫“麦日科”或其他名称。

特基拉酒的名品有库瓦、欧雷、马利亚吉、金快活等。

五、特基拉酒的饮用服务

特基拉酒以其独特的饮用方法和刺激的味道，风靡全世界。特基拉酒的饮用方法通常有以下三种。

(一) 净饮

特基拉酒的口味凶烈，香气很独特。它是墨西哥的国酒，因此，墨西哥人对此酒情有独钟。此酒的饮用方式也很特别：客人在左手虎口处撒上一些细盐，用右手挤新鲜的柠檬汁滴入口中，然后用舌头舔盐入口，后迅速举杯将特基拉酒一饮而尽。酸味、咸味伴着烈酒，冲破喉咙直入肚中，酣畅淋漓。

(二) 加冰饮用

特基拉酒作为餐后酒可兑入冰块饮用，用古典杯盛载。方法是按客人要求在古典杯中放入数块冰块，然后用量杯量出28ml特基拉酒，倒入加冰块的古典杯中，再放入一片柠檬，送至客人右手边。

(三) 混合饮用

特基拉酒还可与碳酸饮料、果汁等一起调制成混合饮料，用古典杯盛载。饮用时，客人用右手将盖在杯口的杯垫按住，同时紧握杯子，将杯子举起使杯底用力砸在下面的杯垫上，再用左手迅速撤下杯口的杯垫，在泡沫涌起的刹那间将酒一饮而尽，此种饮法俗称特基拉炸弹。因特基拉酒特有的风味，更适合调制各种鸡尾酒。

以特基拉酒为基酒调制的常饮鸡尾酒有以下几种。

1. 特基拉日出

(1) 材料：56ml特基拉酒，7ml红石榴糖浆，适量柳橙汁。

(2) 调制方法：直接注入法。

(3) 载杯：高飞球杯。

2. 玛格丽特

(1) 材料：42ml特基拉酒，14ml白柑橘香甜酒，14ml莱姆汁。

(2) 调制方法：摇和法。

(3) 载杯：鸡尾酒杯。

3. 埃尔迪亚博洛

(1) 材料：50ml特基拉酒，20ml黑栗利口酒，适量柠檬汁，适量啤酒。

(2) 调制方法：直接注入法。

(3) 载杯：海波杯。

4. 斗牛士

(1) 材料：30ml特基拉酒，15ml莱姆汁，45ml菠萝汁。

(2) 调制方法：摇和法。

(3) 载杯：古典杯。

5. 墨西哥

(1) 材料：28ml特基拉酒，28ml柠檬汁，7.5ml红石榴糖浆。

(2) 调制方法：调和法。

(3) 载杯：鸡尾酒杯。

学习任务七 中国白酒及其服务

一、中国白酒的特点

白酒又称“白干”或“烧酒”，是以谷物和红薯为原料，经发酵、蒸馏制成的酒。因酒液无色透明而得名白酒。酒度为38%～65%。“白酒”就是无色的意思，“白干”就是不掺水的意思，“烧酒”就是将经过发酵的原料入甑加热蒸馏出的酒。

中国白酒是世界六大蒸馏酒之外最著名的烈性酒。它的特点：酒液晶莹，无色透明；馥郁纯净，余香不尽；醇厚柔绵，甘润清洌；酒体协调，变化无穷。

二、中国白酒的起源

中国白酒由黄酒演化而来，有数千年的酿造历史。早在商代，人们就用麦曲酿酒。自宋代以后，开始制作白酒。中国的酿酒技术不断提高，白酒的品种也日益增多并且向着低酒度方向发展。

三、中国白酒的生产工艺

中国白酒有多种生产工艺，不同风味白酒的制作方法不尽相同。由于各种白酒的制曲方法不同，发酵、蒸馏的次数不同，勾兑技术不同，从而形成了不同风格的白酒。通常，中国白酒以高粱、玉米、大麦、小麦、红薯等为原料，经过发酵、制曲、多次蒸馏、长期贮存制成酒度较高的酒体。

四、中国白酒的香型及名品

白酒的香型主要取决于生产白酒的工艺和设备，目前，中国白酒的香型主要有酱香型、浓香型、清香型、米香型和复香型。

(一) 酱香型

酱香型又称茅香型，以茅台为代表，属于大曲酒类。酱香型白酒具有香而不艳、低而不淡、醇香优雅、回味悠长等特点。主要名品有贵州茅台(如图3-7所示)、四川郎酒(如图3-8所示)、遵义珍酒等。

(二) 浓香型

浓香型又称泸香型，以四川泸州老窖、五粮液为代表，属于大曲酒类。浓香型白酒具有香、醇、浓、绵、甜、净等特点。主要名品有四川泸州老窖、四川宜宾五粮液、安徽古井贡酒、河南杜康酒等。

图3-7 贵州茅台

图3-8 四川郎酒

(三) 清香型

清香型又称汾香型，以山西汾酒为代表，属于大曲酒类。清香型白酒具有清、正、甜、净、长等特点。主要名品有山西汾阳汾酒、河南宝丰酒、山西祁县六曲香酒等。

(四) 米香型

米香型又称蜜香型，以桂林三花酒为代表，属于小曲酒类。米香型白酒具有蜜香清雅、入口柔绵、落口甘洌、回味怡畅等特点。主要名品有桂林三花酒、广东五华县的长乐烧、湖南浏阳河小曲等。

(五) 复香型

复香型又称兼香型，以董酒与西凤酒为代表，属于大曲酒类。复香型白酒具有绵柔、醇香、味正、余味悠长的特点。主要名品有贵州董酒、陕西西凤酒、湖南长沙白沙液等。

五、中国白酒的饮用服务

白酒是中华民族的传统饮品，常作为佐餐酒饮用。载杯一般为利口酒杯或高脚酒杯，传统为小型陶瓷酒杯。

(一) 净饮

一般常温饮用。但在北方一些地区，冬季要温烫后才饮用；在南方一些地区，人们习惯冰镇后加柠檬片饮用。

(二) 混合饮用

中国白酒除可直接饮用，也可作为基酒调制中式鸡尾酒，调制后的酒别有一番风味。

1. 海南岛

材料：30ml白酒，10ml椰汁。

调制方法：摇和法。

载杯：鸡尾酒杯。

2. 夜上海

材料：30ml白酒，10ml柠檬汁，120ml可乐。

调制方法：搅和法。

载杯：平底高杯。

3. 林荫道

材料：10ml竹叶青，10ml糖浆，40ml白葡萄酒。

调制方法：调和法。

载杯：高脚杯。

单元小结

本单元系统地介绍了各种蒸馏酒的特点、起源、生产工艺、名品及饮用与服务方法。

蒸馏酒是将经过发酵的水果或谷物等酿酒原料加以蒸馏、提纯酿制而成的，酒精含量较高。蒸馏酒通常指酒精含量在38%以上的烈性酒。蒸馏酒诞生于欧洲中世纪初期，经过近千年的演变，已成为世界上十分畅销的酒精饮料。世界上著名的蒸馏酒主要包括白兰地、威士忌、金酒、伏特加酒、朗姆酒、特基拉酒等。中国的白酒也属于此范畴。

单元测试

1. 简述白兰地酒的特点、起源、生产工艺、名品及饮用与服务方法。
2. 简述威士忌酒的特点、起源、生产工艺、名品及饮用与服务方法。
3. 简述金酒的特点、起源、生产工艺、名品及饮用与服务方法。
4. 简述伏特加酒的特点、起源、生产工艺、名品及饮用与服务方法。
5. 简述朗姆酒的特点、起源、生产工艺、名品及饮用与服务方法。
6. 简述特基拉酒的特点、起源、生产工艺、名品及饮用与服务方法。
7. 简述中国白酒的特点、起源、生产工艺、名品及饮用与服务方法。

课外实训

结合实物，了解白兰地酒、威士忌酒、金酒、伏特加酒、朗姆酒、特基拉酒及中国白酒的饮用与服务方法。

学习单元四

配制酒及其服务

课前导读

配制酒(Assembled Alcoholic Drinks)是以各种酿造酒、蒸馏酒或食用酒精作为基酒与酒精或非酒精物质(包括液体、固体、气体)勾兑、浸泡、混合调制而成的酒。配制酒的种类繁多，风格各异，酒精度也有高有低，在欧洲，以法国、意大利和荷兰产的配制酒较为著名。

配制酒又称调制酒，是酒类里一个特殊的品种，不专属于哪种酒，是混合的酒品。

配制酒是一个比较复杂的酒品系列，它的诞生晚于其他单一酒品，但其发展很快。配制酒主要有两种配制工艺，一种是在酒和酒之间勾兑配制，另一种是以酒与非酒精物质(包括液体、固体和气体)勾调配制。

配制酒的品种繁多，风格各有不同，划分类别比较困难，较流行的分类方法是将配制酒分为五大类：开胃酒、甜点酒、利口酒、露酒、药酒。

学习目标

知识目标：

通过对配制酒知识的阐释，使学生系统地了解配制酒的基本内涵和与之相对应的基础理论。

能力目标：

掌握各类配制酒的概念、起源、生产工艺、主要产地及名品等知识和相关服务技巧。

学习任务一　开胃酒及其服务

开胃酒(Aperitifs)，顾名思义，在餐前饮用能增加食欲。能开胃的酒有许多，如威士忌、俄得克、金酒、香槟酒，某些葡萄原汁酒和果酒也是比较好的开胃酒精饮料。开胃酒的概念是比较含糊的，随着饮酒习惯的演变，开胃酒逐渐被专指为以葡萄酒或蒸馏酒为基酒，加入植物的根、茎、叶、药材、香料等配制而成，在餐前饮用，能增加食欲的酒精饮料，分为味美思(Vermouth)、比特酒(Bitter)、茴香酒(Anise)三类。开胃酒有两种定义，前者泛指在餐前饮用能增加食欲的所有酒精饮料，后者专指以葡萄酒基或蒸馏酒基为主的有开胃功能的酒精饮料。

一、味美思

(一) 概念

味美思，是意大利文“Vermouth”的音译，是“苦艾酒”的意思。它是以葡萄酒为酒基，用芳香植物的浸液调制而成的加香葡萄酒。它因非凡的植物芳香而“味美”，因“味美”而被人们“思念”。味美思按品味可分为干味美思(Secco)、白味美思(Biauco)、红味美思(Rosso Sweet)、都灵味美思(Trofino)。

味美思还有一大功用，就是调配鸡尾酒。因为味美思除了具有加香的特点，还具有加浓的特点，它含糖量高(15%)，所含固形物较多，比重大，酒体醇浓，是调配鸡尾酒不可缺少的酒种。味美思如图4-1所示。

图4-1　味美思

(二) 起源

味美思有悠久的历史。据说古希腊王公贵族为求滋补健身、长生不老，用各种芳香植物调配开胃酒，饮后食欲大振。到了欧洲文艺复兴时期，意大利的都灵等地渐渐出现以苦艾为主要原料的加香葡萄酒，称为“苦艾酒”，即味美思。希腊名医希波克拉底是第一个将芳香植物在葡萄酒中浸渍的人。到了17世纪，法国人和意大利人将味美思的生产工序进行了改良，并将它推向了世界。至今世界各国所生产的味美思都以苦艾为主要原料。所以，人们普遍认为，味美思源于意大利，而且至今仍然是意大利生产的味美思最负盛名。

我国正式生产国际流行的味美思是从1892年烟台张裕葡萄酿酒公司的创办开始的。张裕公司是我国生产味美思最早的厂家。味美思的生产工艺，要比一般的红、白葡萄酒复杂。它首先要生产出干白葡萄酒做原料。优质、高档的味美思，要选用酒体醇厚、口味浓郁的陈年干白葡萄酒作为原料。然后选取二十多种芳香植物，或者把这些芳香植物直接放到干白葡萄酒中浸泡，或者把这些芳香植物的浸液调配到干白葡萄酒中去，再经过多次过滤和热处理、冷处理，经过半年左右的贮存，才能生产出质量优良的味美思。

(三) 生产工艺

味美思是以个性不太突出(属中性、干型)的白葡萄酒作为基酒，加入多种配制香料、草药，经过搅匀、浸泡、冷澄过滤、装瓶等工序制作而成的。

(四) 主要产地及名品

意大利、法国、瑞士、委内瑞拉是味美思酒的主要生产国。其中，以意大利甜型味美思、法国干型味美思最为有名，如马天尼(Martini)(干、白、红)、仙山露(Cinzano)(干、白、红)、卡帕诺(Carpano)(都灵)、香白丽(Chambery)等。

(五) 鉴别

味美思的主要成分有白葡萄酒(只用于生产白味美思和红味美思)、酒精(酒精含量为96%的烈酒或"Mistelle")、药草(龙胆、甘菊、苦橙、香草、大黄、薄荷、苿沃刺那、胡荽、牛膝草、鸢尾草植物、百里香等)、香料(桂皮、丁香、肉豆蔻、番红花、生姜等)、焦糖(用蔗糖或热糖制成，目的是用它的琥珀色来着色)。

干味美思含糖量不超过4%，酒精度在18度左右。意大利产味美思呈淡白、淡黄色，法国产味美思呈棕黄色。

白味美思含糖量为10%～15%，酒精度在18度左右，色泽金黄，香气柔美，口味鲜嫩。

红味美思含糖量为15%，酒精度在18度左右，呈琥珀黄，香气浓郁，口味独特。

都灵味美思酒精含量为15. 5～16度，调香用量较大，香气浓郁扑鼻。

(六) 饮用与服务

味美思的饮用方法在我国不拘泥于统一形式，在国外人们习惯加冰块或杜松子酒。

(七) 贮藏要求

避免阳光直射，于5℃～35℃干燥通风处卧放，有少量沉淀不影响饮用。

二、比特酒

(一) 概念

比特酒酒精含量一般为16%～40%，也有少数品种超出这个范围。比特酒有滋补、助消化和使人兴奋的作用。

(二) 起源

比特酒从古药酒演变而来，有滋补的效用。比特酒种类繁多，有清香型，也有浓香型；有淡色，也有深色。但无论是哪种比特酒，苦味和药味是它们的共同特征。用于配制比特酒的调料主要是带苦味的草卉和植物的茎根与表皮，如阿尔卑斯草、龙胆皮、苦桔皮、柠檬皮等。法国人头马马天尼如图4-2所示。

图4-2　马天尼

(三) 生产工艺

配制比特酒的基酒是葡萄酒和食用酒精。现在越来越多的比特酒生产采用食用酒精直接与草药精掺兑的工艺。

(四) 产地

世界上较有名气的比特酒主要产自意大利、法国、特立尼达和多巴哥、荷兰、英国、德国、美国、匈牙利等国。

(五) 名品及鉴别

比较著名的比特酒有以下几种。

(1) 金巴利或康巴丽(Campari)，产于意大利米兰，由橘皮和其他草药配制而成。酒液呈棕红色，药味浓郁，口感微苦，苦味来自金鸡纳霜，酒度26度。

(2) 西娜尔(Cynar)，产自意大利，由蓟和其他草药浸泡于酒内配制而成。蓟味浓，微苦，酒度17度。

(3) 菲奈特·布郎卡(Fernet Branca)，产于意大利米兰，是意大利最有名的比特酒，由多种草木、根茎植物为原料调配而成。味很苦，号称“苦酒之王”，但药用功效显著，尤其适用于醒酒和健胃，酒度40度。

(4) 艾玛·皮孔或苦彼功(Amer Picon)，产于法国，它的配制原料主要有金鸡纳霜、橘皮和其他多种草药。酒液酷似糖浆，以苦著称，饮用时只用少许，再掺其他饮料共进，酒度21度。

(5) 苏滋(Suze)，产于法国，它的配制原料是龙胆草的根块。酒液呈橘黄色，口味微苦、甘润，糖分20%，酒度16度。

(6) 杜本那或杜宝内(Dubonnet)，产于法国巴黎，它主要采用金鸡纳皮，浸于白葡萄酒中，再配以其他草药。酒色深红，药香突出，苦中带甜，风格独特。有红、黄、干三种类型，以红杜宝内最出名，酒度16度。

(7) 安哥斯杜拉(Angostura)，产于特立尼达，以朗姆酒为酒基，以龙胆草为主要调制原料。酒液呈褐红色，药香悦人，口味微苦，但十分爽适，在拉美国家深受人们喜爱，酒度44度。

(六) 贮藏要求

贮藏温度维持在18℃以下，酒瓶平放，适宜湿度为70%～75%，应避光，保持静止、环境清新。

三、茴香酒

(一) 概念

茴香酒实际上是用茴香油和蒸馏酒配制而成的酒。茴香油中含有大量的苦艾素，45度的酒精可以溶解茴香油。茴香油一般从八角茴香和青茴香中提炼取得，八角茴香油多用于开胃酒的制作，青茴香油多用于利口酒的制作。茴香酒如图4-3所示。

(二) 起源

1915年，苦艾酒成为“禁酒运动”的替罪羊，还被打上“万恶之源”的标记。几乎是在禁止苦艾酒命令下达后不久，茴香酒便问世了，茴香酒成为苦艾酒的替代品。在众多酿制蒸馏师中，有位名叫Paul Ricard的蒸馏师，他把他的试验品带到各种酒吧并邀请酒吧内的酒客们免费品尝，他的调试成果也因此更加完美。1932年，Paul Ricard开始商业化生产“Ricard”——真正的法国马赛茴香酒(Le vrai pastis de Marseille)。至今茴香酒已经成为法国最受欢迎的开胃酒之一。茴香酒经常与鱼、贝壳类、猪肉和鸡肉等菜肴搭配饮用。此外，添加色素和焦糖，可以加强其口感，但是该饮品的主要特性仍然是“茴芹的口感”。如今在法国，茴香酒仍然是消耗量最大的开胃酒。

图4-3　茴香酒

(三) 生产工艺

茴香酒是用茴香油与食用酒精或蒸馏酒配制而成的酒品。茴香油一般从八角茴香和青茴香中提炼取得，含有大量的苦艾素。八角茴香油多用于开胃酒的制作，青茴香油多用于利口酒的制作。

(四) 主要产地及名品

茴香酒以法国产的最为有名。比较著名的茴香酒有培诺(Pernod)、巴斯的斯(Pastis)、白羊倌(Berger Blanc)等。

(五) 鉴别

茴香酒有无色和染色两种，酒液视品种不同而呈现不同色泽。茴香酒的茴香味浓，香气馥郁，味重而有刺激，酒精含量一般在25%左右。

(六) 饮用与服务

饮用时需加冰或兑水。

学习任务二　甜点酒及其服务

甜点酒是佐助西餐中的最后一道菜——甜食和水果时所饮用的酒品，口味较甜，常以葡萄酒基为主体进行配制。但与利口酒有明显区别，后者虽然也是甜酒，但其主要酒基一般是蒸馏酒。甜点酒的主要生产国及地区有葡萄牙、西班牙、意大利、希腊、匈牙利、法国南部等。

下面介绍几种著名的甜点酒。

一、波特酒

(一) 概念

波特酒的原名是波尔图酒(Porto)，产于葡萄牙杜罗河一带，但与英国有着千丝万缕的联系，因而人们常用英文“Port Wine”来称呼它。波特酒属于酒精加强型葡萄酒，在发酵没有结束前加入葡萄蒸馏酒精，使酵母在高酒精(超过15度)条件下被杀死，将酒度控制在17%～22%。由于葡萄汁没有发酵完毕，使波特酒保留了甜味。

波特酒分白、红两种。白波特酒是葡萄牙人和法国人喜欢的开胃酒品；红波特酒作为甜食酒在世界上享有很高的声誉，有甜、微甜、干三个类型。波特酒如图4-4所示。

图4-4　波特酒

(二) 起源

17世纪末、18世纪初，葡萄酒酿造出来后通常运往英国，但当时并没有发明玻璃酒瓶和橡木塞，于是用橡木桶作为运输容器。由于路途遥远，葡萄酒很容易变质。后来酒商就在葡萄酒里加入中性的酒精(葡萄蒸馏酒精)，这样酒不容易腐败，保证了葡萄酒的品质，这就是最早的波特酒。

根据葡萄牙政府的政策，如果酿酒商想在自己的产品上注明“波特”(Port)，必须满足三个条件。

(1) 用杜罗河上游的奥特·斗罗地域所种植的葡萄为原料酿造。为了提高产品的酒度，用来兑和的白兰地也必须使用这个地区的葡萄酿造。

(2) 必须在杜罗河口的维拉·诺瓦·盖亚酒库(Vila Nova Gaia)内陈化和贮存，并从对岸的波特港口运出。

(3) 产品的酒度在16.5度以上。

如不符合上述三个条件中的任何一个，即使是在葡萄牙出产的葡萄酒，也不能冠以“波特”字样。

(三) 生产工艺

波特酒的制作方法是先将葡萄捣烂，发酵，等糖分含量达到10%左右时，添加白兰地酒中止发酵，但保持酒的甜度。经过两次剔除渣滓的工序后运到维拉·诺瓦·盖亚酒库里陈化、贮存，一般的陈化需要2～10年时间。最后按配方混合调出不同类型的波特酒。

(四) 主要产地及名品

波特酒产自葡萄牙北部的杜罗(Douro)河地区。杜罗河历来有“黄金河谷”的美誉，是葡萄牙的母亲河、葡萄牙人诞生的摇篮。在杜罗河两岸的山坡和峭壁上，葡萄牙人在片岩中开垦出一片片梯田葡萄园，每到金秋葡萄收获季节，杜罗河两岸黄红色的葡萄林美景如画。

比较著名的波特酒有道斯(Dow’s)、泰勒(Taylors)、西法(Silva)、方斯卡(Fonseca)等。

(五) 鉴别

波特酒酒味浓郁芬芳，窖香和果香兼有。其中，红波特酒的香气很有特色，浓郁芬芳，果香和酒香相宜，口味醇厚、鲜美、圆正。

(六) 饮用与服务

波特酒的酒精含量和含糖量高，最好是在天气比较凉爽或比较冷的时候饮用。在打开一瓶陈酿的波特酒之前，应让瓶子直立3～5天，以使葡萄酒的沉淀物沉到瓶底。开瓶后至少要放置1～2个小时才可以饮用，以释放任何“变质”的气味或在塞子下可能产生的气体。波特酒无须冷藏，最好是在地窖的温度下贮藏。

与普通的认知相反，波特酒开瓶后寿命很短，必须在数周内饮用完。陈酿波特酒在开瓶后8～24小时就会变质。

(七) 贮藏要求

贮藏温度维持在18℃以下，酒瓶平放，适宜湿度为70%～75%，要避光，保持静止、环境清新。

二、雪利酒

(一) 概念

雪利酒(Sherry)产于西班牙的加迪斯(Cadiz)，英国人称其为“Sherry”，法国人则称其为“Xérés”。英国人嗜好雪利酒胜过西班牙人，人们遂以英文名称呼此酒。雪利是英文“Sherry”的译音，也有译成谐丽、谢利等。这种酒在西班牙称为及雷茨酒，因英国人特别喜爱它，故以其近似的英文译音“Sherry”(王子)称呼。当前，世界上许多国家都出产了仿制的雪利酒。雪利酒以加迪斯所产的葡萄酒为酒基，勾兑当地的葡萄蒸馏酒，逐年换桶陈酿，陈酿15～20年时，质量最好，风格也达极致。雪利酒分为两大类：“Fino”(菲奴)和“Oloroso”(奥罗路索)，其他品种均为这两类的变形。雪利酒如图4-5所示。

图4-5 雪利酒

(二) 起源

雪利酒堪称“世界上最古老的上等葡萄酒”。大约在基督纪元前1100年，腓尼基商人在西班牙的西海岸建立了加迪斯港，往内陆延伸又建立了一个名为赫雷斯的城市(即今天的雪利市)，并在雪利地区的山丘上种植了葡萄树。据记载，当时酿造的葡萄酒口味强烈，在炎热的气候条件下也不易变质。这种葡萄酒(雪利酒)成为当时地中海和北非地区交易量最大的商品之一。绝大多数的雪利酒在西班牙酿造成熟后被装运到英国装瓶出售。1967年，英国法庭颁布法令，只有在西班牙赫雷斯区生产的葡萄酒才有权称为雪利(Sherry)，所有其他风格类似并且带有“雪利”字样的葡萄酒，必须说明其原产地。

(三) 生产工艺

雪利酒以加迪斯所产的葡萄酒为酒基，以当地的葡萄蒸馏酒加以勾兑，采用十分特殊的方法陈酿，逐年换桶，这就是著名的“烧乐脂法”(Solera)。雪利酒陈酿10～20年时质地最好。

(四) 名品

比较著名的雪利酒有布里斯特(干)、布里斯特(甜)、沙克(干、中甜)、柯夫巴罗米诺等。

(五) 鉴别

雪利酒酒液呈浅黄或深褐色，也有的呈琥珀色(如阿蒙提那多酒)，清澈透明，口味复杂柔和，香气芬芳浓郁，是世界著名的强化葡萄酒。雪利酒含酒精量高，为15%～20%。酒中的糖分是人为添加的，甜型雪利酒的含糖量达20%～25%，干型雪利酒的糖分为0.15g/100ml(发酵后残存的)。总酸含量为0.44g/100ml。

(六) 饮用、服务与贮存

雪利酒是葡萄酒的一种，适合葡萄酒的贮存条件都适用于雪利酒。许多雪利酒存放于顶端带螺丝的桶或可以拧紧盖口的桶中，这样能竖直贮存，不需延长雪利酒的保存时间。装于瓶中的雪利酒适合随时饮用。Fino或Amontillado雪利酒开瓶后应冷藏并在3周内饮完。Oloroso和Cream应在温室下饮用，按照传统，它们适合餐后饮用。

西班牙人饮用雪利酒采用独特的郁金香玻璃杯。可装6盎司的玻璃杯叫Copa，能装4盎司的玻璃杯叫Copita。这两种玻璃杯给雪利酒提供了足够的空间去散发自身的芳香。

三、马德拉酒

(一) 概念

马德拉(Madeira)酒与波特酒和雪利酒一样，属于酒精加强型葡萄酒。马德拉酒的出产地位于大西洋的马德拉岛(Madeira)。马德拉酒是强化酒精的酒，其性质有别于一般葡萄酒，由于酒度高，不容易变质，而且会随着时间的推移而变醇。马德拉酒如图4-6所示。

图4-6　马德拉酒

(二) 起源

根据历史记载，1419年，葡萄牙水手吉奥·康克午·扎考发现了马德拉岛。15世纪，马德拉岛广泛种植甘蔗和葡萄。17世纪，马德拉酒开始销往国外。1913年，马德拉葡萄酒公司成立，由威尔士与山华公司(Welsh&Cunha)和亨利克斯与凯马拉公司(Henriquez & Camara)组建。经过数年的发展，又有数家酿酒公司加入，后来规模不断扩大，成立了马德拉酒酿酒协会。28年后，该协会更名为马德拉酿酒公司(Madeira Wine Company Lda，MWC)。1989年，该公司采取控股联营经营策略，投入大量资金，改进葡萄酒包装和扩大销售网络，使马德拉葡萄酒成为著名品牌。马德拉公司多年来进行了大量的投资，提高了葡萄酒的质量标准，并在2000年完成了制酒设备的革新，从而为优质马德拉酒的生产和熟化提供了先进的硬件支撑。

(三) 生产工艺

马德拉酒的酿造方法：在发酵后的葡萄汁中添加烈酒，然后放在50℃的高温室内贮存数月，这时马德拉酒会呈现淡黄、暗褐色，并散发马德拉酒特有的香味。

(四) 主要产地及名品

马德拉酒产于葡萄牙领地马德拉岛，其名品包括如下几种。

1. 弗得罗酒(Verdelho)

弗得罗酒以种植在海拔400～600米的葡萄园中的葡萄为原料。酒液呈淡黄色，芳香，口味醇厚，半干略甜。

2. 玛尔姆塞酒(Malmsey)

玛尔姆塞酒以玛尔维西亚葡萄为原料。酒液呈棕黄色，甜型，香气悦人，口味醇厚，是世界上顶级葡萄酒之一，是吃甜点时理想的饮用酒。

3. 舍希尔酒(Sercial)

舍希尔酒以种植在海拔800米的葡萄园中的葡萄为原料，熟化期较短，干型。酒液呈淡黄色，味芳香，口味醇厚。

4. 伯亚尔酒(Bual)

伯亚尔酒以种植在海拔400米以下的葡萄园中的白葡萄为原料。酒液呈棕黄色，半干型，气味芳香，口味醇厚，是吃甜点时的理想饮用酒。

(五) 特点

马德拉酒酒色金黄，酒味香浓、醇厚、甘润，是一种优质的甜食酒。

(六) 饮用、服务与贮藏

马德拉酒是一种强化葡萄酒，比一般餐酒的可保存时间长。在饮用之前应将马德拉酒瓶直立起来放置几天，直到所有沉淀物沉到瓶底才可慢慢倒出。开瓶之后，马德拉酒有6周的保存时间，但不可存放于高温或潮湿的地方。饮用马德拉酒不加冰，应将其放在冰箱中冷藏之后饮用。Verdelho和Rainwater应在冷藏之后作为开胃酒饮用。

学习任务三 利口酒及其服务

一、利口酒的概念

利口酒(Liqueur)是一种以食用酒精和其他蒸馏酒为酒基，配以各种调香物质，并经过甜化处理的酒精饮料。利口酒也称为烈性甜酒，酒度比较高，一般为20%～45%。利口酒有多种风味，主要包括水果利口酒、植物利口酒、鸡蛋利口酒、奶油利口酒和薄荷利口酒。利口酒的调香物质有果类、草类和植物种子类等。利口酒如图4-7所示。

图4-7　利口酒

利口酒具有3个显著特征：①调香物只采用浸制或兑制的方法加入酒基内，不作任何蒸馏处理；②甜化剂是食糖或糖浆；③利口酒大多在餐后饮用。

二、利口酒的起源

利口酒的原词“Liqueur”属于拉丁语，其真正的含义是“溶解或使之柔和”，同时也可以解释为“液体”。

早在公元前4世纪，在希腊科斯岛上，有“医学之父”美称的霍克拉特斯(Hppkrates)就已经开始尝试在蒸馏酒中溶入各种药草来酿制一种具有医疗价值的药用酒。这便是利口酒的雏形。此后，这种药用酒传入欧洲，修道士们对其进行了一系列改进，不仅没削弱它的药用性，同时提高了它作为一种健康饮品的饮用性能，以至于当时的西同教堂出品的这种酒极有名气。

进入航海时代，由于新大陆的发现，以及整个欧洲对亚洲生长的植物的逐步引进，用以酿制利口酒的原料也逐渐多样。18世纪以后，当时的人们更加重视水果的营养价值，这也要求利口酒的酿造工艺从所选原料到成品口味必须适应时代的需求而不断地加以改进。

随着苹果、草莓、薄荷等水果和植物原料的引进更新，以及利口酒本身助消化这一功能的改进和提高，利口酒终于名正言顺地成为欧洲人不可或缺的一种餐后酒。不仅如此，又因为水果利口酒所拥有的浓郁香味和艳丽色彩，也引起了当时身处欧洲上流社会中的贵妇们的极大关注，甚至还曾出现刻意追求服装及佩戴珠宝的颜色都要与杯中利口酒的色彩相搭配的流行风潮。这种在社会地位和影响范围上的空前提高和扩大，不仅为利口酒赢得“液体宝石”这一美称，也促使越来越多的生产厂家以更大的热情、更多的精力投入到利口酒的研制上，他们争先恐后地想要利用各种水果配制出色彩更趋艳丽的利口酒。

三、利口酒的生产工艺

利口酒味道香醇，色彩艳丽，但配方保密，基本酿造方法有蒸馏、浸泡、渗入等几种。

(一) 蒸馏法

利口酒的蒸馏有两种方法，一种是将原料浸泡在烈酒中，然后一起蒸馏；另一种是将原料浸泡后取出，仅用浸泡过的汁液蒸馏。蒸馏出来的酒液再添加糖和色素。蒸馏法适用于以香草类、柑橘类的干皮为原料制作的甜酒。

(二) 浸泡法

浸泡法是将原料浸泡在烈酒或加了糖的烈酒中，然后过滤出酒。此种方法适用于一些不能加热，或者加热后会变质的原料酿的酒。

(三) 渗入法

渗入法是将天然的或合成的香料、香精加入烈酒中，以增加酒的甜味和色泽。

四、利口酒的主要产地及名品

利口酒的种类较多，主要有以下几类：柑橘类利口酒、樱桃类利口酒、桃子类利口酒、奶油类利口酒、香草类利口酒、咖啡类利口酒。除此以外，还有其他几种独具特色的利口酒。

(一) 爱德维克(Advocaat)

荷兰蛋黄酒，产于荷兰和德国，主要用鸡蛋黄、杜松子和白兰地制成。用玉米粉和酒精生产的仿制品在某些国家也仍有销售。产地，荷兰。香气独特，口味鲜美。酒度为15%～20%。

(二) 阿姆瑞托(Amaretto)

意大利杏仁酒，第一次生产是在16世纪Como湖附近的Saronno。其中，以阿姆瑞托(Amaretto DiSaronno)最为杰出。产地，法国。

(三) 茴香利口酒(Anisette)

茴香利口酒源于荷兰的阿姆斯特丹(Amsterdam)，是地中海诸国最流行的利口酒之一。法国、意大利、西班牙、希腊、土耳其等国均生产茴香利口酒。其中，以法国和意大利出产的最为有名。

酿制方法：先用茴香和酒精制成香精，再兑以蒸馏酒基和糖液，搅拌、冷处理、澄清。酒度在30%左右。茴香利口酒中最出名的叫“Marie Brizard”(玛丽·布利查)，是18世纪一位法国女郎的名字，该酒又称做“Anisettes de Bordeaux”(波尔多茴香酒)，产于法国。还有一种带有茴香和橙子味道的巴士帝型利口酒(Pastis)也比较有名，产地为意大利，以白兰地酒为主要原料，酒度为25%。

(四) 班尼迪克丁(Benedictine DOM)

班尼迪克丁又称泵酒、当酒，是世界上最有名望的利口酒，产地为法国。1534年，该酒受到宫廷贵族的喜爱，一时名气大噪。泵酒以白兰地为酒基，用27种香料配制，经两次蒸馏、两年陈酿而成。在其形状独特的酒瓶上标有大写字母“DOM”(Deo Optimo Maximo)，中文意思是献给至高无上的皇帝。饮用泵酒的流行做法是配上上等的白兰地，这就是“B&B”。

(五) 沙特勒兹(Chartreuse)

沙特勒兹是修道院酒，修道院酒与泵酒是两种最有名的餐后甜酒，它以修道院名称命名。该酒以白兰地酒为主要原料，配以一百多种植物香料制成，有黄色和绿色两种。黄色酒味较甜，酒度为40%。绿色酒度较高，在50%以上，较干，辛辣，比黄色酒更芳香。

五、利口酒的鉴别

与其他酒相比，利口酒有几个显著的特征：利口酒以食糖和糖浆作为添加剂，餐后饮用；利口酒颜色娇美，气味芬芳，酒味甜蜜，不仅是极好的餐后酒，也是调制鸡尾酒最常用的辅助酒。

六、利口酒的饮用与服务

纯饮利口酒可用利口酒杯；加冰块可用古典杯或葡萄酒杯；加苏打水或果汁饮料时，用果汁杯或高身杯。利口酒主要在餐后饮用，能够起到帮助消化的作用。利口酒一般要求冰镇，香味越甜、甜度越高的酒品越适合在低温下饮用，少部分利口酒可在常温下饮用或加冰块饮用。利口酒的标准用量为30ml。

七、利口酒的贮藏要求

利口酒开瓶后仍可继续存放，但长时间贮藏有损品质。利口酒酒瓶应竖立放置，在常温或低温下避光保存。

学习任务四 露酒及其服务

一、露酒的概念

露酒是以蒸馏酒、发酵酒或食用酒精为酒基，以食用动植物、食品添加剂作为呈香、呈味、呈色物质，按一定生产工艺加工而成并改变了原酒基风格的饮料酒。它具有营养丰富、品种繁多、风格各异的特点。露酒酒种多样，包括花果型露酒、动植物芳香型露酒、滋补营养酒等酒种。露酒改变了原有的酒基风格，其营养补益功能非常符合现代消费者的健康需求。露酒原辅料可供选择的品种较多，近年来随着应用科技的发展，其应用范围不断扩大，野生资源类有红景天、刺梨等；花卉类有梨花、玫瑰、茉莉、菊花、桂花等，这为露酒产品拓展功能、扩大市场份额提供了广阔的空间。

二、露酒的鉴别方法

露酒应具有正常的色泽，澄清发亮。如果出现混浊沉淀或杂质，则为不合格产品，大多是受到外界污染或由粗制滥造所致。不同的露酒具有不同的香气和口味特征，原则上应无异味，口感醇厚爽口。出现异味的原因一般是酒基质量低劣，香料或中药材变质，配制不合理等。

目前，市场上有不少伪劣露酒，经理化检验，发现多是用酒精、香精、糖精和食用色素加水兑制而成的。这种劣质露酒口味淡薄，而且涩口。甚至有不法分子用染料代替食用色素兑制劣质露酒，这些染料属于偶氮染料，是致癌物。我国《食品添加剂使用卫生标准》(GB 2760—2007)规定，只许使用相对较安全的5种食用合成色素，并规定最大用量和使用范围，还对食用色素质量、纯度都做了严格规定。可见，饮用滥用食用色素和合成染料制成的露酒对人体十分有害。

食用色素及染料的简易鉴别方法如下：把一片白纸浸入酒中，数分钟后捞起，用清水清洗，冲洗后所染颜色基本不变说明此染料是非食用色素。但需注意，若颜色基本洗净，也不一定就是食用色素，因为酸性染料都具备这一特点。

三、露酒的主要产地及名品

(一) 竹叶青酒

1. 概念

竹叶青酒作为中国名酒之一，其历史可追溯到南北朝。

竹叶青以优质汾酒为基酒，配以十余种名贵药材，采用独特生产工艺加工而成。它清醇甜美的口感和显著的养生保健功效从唐、宋时期就为人们所肯定，是我国传统的保健名酒。国家卫生监督检验所运用先进的检测手段，经过严格的动物和人体试食实验得出的科学数据进一步证明，竹叶青酒具有促进肠道双歧杆菌增殖、改善肠道菌群、润肠通便、增强人体免疫力等保健功能。竹叶青牌竹叶青酒与汾酒属同一产地，属于汾酒的再制品。它以汾酒为原料，另以冰糖、白糖、竹叶、陈皮等12种中药材为辅料。竹叶青酒颜色金黄透亮，有晶体感，酒度不大，饮后使人心舒神旷，且有润肝健体的功效。经科学鉴定，竹叶青酒具有和胃、除烦、消食的功能。药随酒力穿筋入骨，对心脏病、高血压、冠心病和关节炎都有一定的疗效。竹叶青酒如图4-8所示。

图4-8 竹叶青酒

竹叶青酒所获得的主要荣誉：1979年，在第三届全国评酒会议上被评为名酒；1987年，获中国出口名特产品金奖，法国酒展特别品尝酒质金质奖第一名，外国出品品质奖第一名；1989年，获首届国际博览会金奖；1991年，竹叶青牌竹叶青酒获第二届国际博览会金奖；1998年，被中华人民共和国卫生部批准为保健酒，是中国名酒中唯一的保健酒；2004年，汾酒集团重点科技攻关项目“竹叶青酒稳定性研究及应用”荣获国家科学技术进步奖。2006年1月，竹叶青露酒首批通过国家酒类质量认证。

2. 起源

竹叶青酒是汾酒的再制品，它与汾酒一样拥有古老的历史。传说很早以前，山西酒行每年要举行一次酒会。逢酒会这天，大小酒坊的老板都把自己作坊里当年酿造的新酒抬一坛到会上，由酒会会长主持，让众人品尝，从中排列出名次来。

南梁简文帝萧纲有诗云：“兰羞荐俎，竹酒澄芳。”该诗说的是竹叶青酒的香型和品质。北周文学家庾信在《春日离合二首》诗中说：“田家足闲暇，士友暂流连。三春竹叶酒，一曲鹍鸡弦。”这优美的诗句，描写了田家农舍的安适清闲，也记载了三春陈酿的竹叶青酒。由此可见，杏花村竹叶青酒早在一千四百多年前就是酒中珍品了。

另有诗云，“古今未见服仙丹长生不老；中外已闻饮竹叶青(酒)益寿延年”“赏不尽杏园春色酒都秀，品方喜汾酒清纯竹叶香”“一杯老白汾提神添寿，三杯竹叶青返老还童”。可见，竹叶青酒的保健功能早已为人们所熟知。

3. 生产工艺

最古老的竹叶青酒只是单纯地加入竹叶浸泡，因其色青味美，故名“竹叶青”。而今的竹叶青酒是以汾酒为基酒，配以广木香、公丁香、竹叶、陈皮、砂仁、当归、零陵香、紫檀香等十多种名贵药材及冰糖、白砂糖浸泡配制而成。杏花村汾酒厂专门设有竹叶青酒配制车间。竹叶青酒的配制方法：将药材放入小坛，在70度的汾酒里浸泡数天，取出药液放进陶瓷缸里65度的汾酒里。再将糖液加热取出液面杂质，过滤冷却，倒入已加药液的酒缸中，搅拌均匀，封闭缸口，澄清数日，取清液过滤入库。再经陈贮、勾兑、品评、检验、装瓶、包装等128道工序制成成品出厂。

4. 主要产地

竹叶青的主要产地为山西汾阳杏花村汾酒股份有限公司。

5. 鉴别

竹叶青酒色泽金黄兼翠绿，酒液清澈透明，芳香浓郁，酒香药香协调均匀，入口香甜，柔和爽口，口味绵长。酒度为45%，糖分为10%。

6. 饮用与服务

经专家鉴定，竹叶青酒具有养血、舒气、和胃、益脾、除烦和消食的功能。有的医学家认为，竹叶青酒对心脏病、高血压、冠心病和关节炎等疾病也有明显的医疗效果，少饮久饮，有益身体健康。竹叶青酒适合成年人饮用，尤其适合中老年人及女性。下列人员不宜饮用：未成年人、妇女(妊娠期、哺乳期、月经期)、酒精过敏者、脏器功能不全者。

竹叶青酒的饮用方法：竹叶青酒不宜空腹饮用，夏天加冰及汽水或矿泉水饮用效果更佳。饮用竹叶青酒以每日100～150ml为宜。

7. 贮藏要求

密封、避光，存放在温湿度适宜处。

(二) 五加皮酒

1. 概念

五加皮酒，又称五加皮药酒、致中和五加皮酒，是拥有悠久历史的浙江名酒，由多种中药材配制而成。五加皮酒如图4-9所示。

2. 起源

关于它的配制有一段优美的传说。传说，东海龙王的五公主佳婢下凡到人间，与凡人致中和相爱。因生活艰难，五公主提出要酿造一种既健身又治病的酒，以补贴家用。五公主让致中和按她的方法酿造，并按一定比例投放中药。在投放中药时，五公主唱出一首歌：“一味当归补心血，去瘀化湿用姜黄。甘松醒脾能除恶，散滞和胃广木香。薄荷性凉清头目，木瓜舒络精神爽。独活山楂镇湿邪，风寒顽痹屈能张。五加树皮有奇香，滋补肝肾筋骨壮。调和诸药添甘草，桂枝玉竹不能忘。凑足地支十二数，增增减减皆妙方。”原来这歌中含有12种中药，这首歌道出的便是五加皮酒的配方。五公主将酒取名“致中和五加皮酒”。此酒问

图4-9　五加皮酒

世后，黎民百姓、达官贵人纷至沓来，捧碗品尝，酒香飘逸扑鼻，生意越做越好。

3. 生产工艺

五加皮酒选用五加皮、砂仁、玉竹、当归、桂枝等二十多味名贵中药材，用糯米陈白酒浸泡，再加精白糖和本地特产蜜酒制成。

4. 主要产地

五加皮酒又称五加皮药酒，产于浙江省建德市梅城镇，是拥有悠久历史的浙江名酒。

5. 鉴别

五加皮酒能舒筋活血、祛风湿，长期服用可延年益寿。

五加皮酒酒度40%，含糖6%，呈褐红色，清澈透明，具有多种药材综合的芳香，入口酒味浓郁，调和醇滑，风味独特。

6. 饮用与服务

五加皮酒于18世纪末在新加坡国际商品展览会上获取金奖；在1963年、1979年全国评酒会上获国家名酒称号。周恩来总理曾把五加皮酒当作国礼赠送给外国友人，不少国家还把它作为国宴上不可缺少的珍贵饮品。

五加皮酒的饮用方法：口服、温服。每次10～20ml，一日2次。

7. 贮藏要求

密封、避光，存放在温湿度适宜的地方。

(三) 莲花白酒

1. 概念

莲花白酒采用新工艺，以陈酿高粱酒辅以当归、何首乌、肉豆蔻等二十余种有健身、乌发功效的名贵中药材，取西峡名泉——五莲池泉水酿制而成。

莲花白酒于1924年全国铁路展览会上获得特等奖；1979年和1985年，在第三届、第四届全国评酒会上，均被评为国家优质酒；1984年，在轻工业部酒类质量大赛中，荣获金杯奖。

2. 起源

莲花白酒是北京地区历史悠久的著名佳酿之一，该酒始于明朝万历年间。据徐珂编撰的《清稗类钞》中记载："瀛台种荷万柄，青盘翠盖，一望无涯。孝钦后每令小阉采其蕊，加药料，制为佳酿，名莲花白。注于瓷器，上盖黄云缎袱，以赏亲信之臣。其味清醇，玉液琼浆，不能过也。"到了清代，莲花白酒的酿造则采用万寿山昆明湖所产的白莲花，用它的蕊入酒，酿成名副其实的"莲花白酒"，其配制方法也成为封建王朝的御用秘方。1790年，京都商人获此秘方，经京西海淀镇仁和酒店精心配制，首次供应民间饮用。1959年，北京葡萄酒厂搜集到失传多年的莲花白酒御制秘方，按照古老工艺，精心酿制，终于成功。

3. 生产工艺

莲花白酒以纯正的陈年高粱酒为原料，加入黄芪、砂仁、五加皮、广木香、丁香等二十余种药材，入坛密封陈酿而成。

4. 主要产地

北京葡萄酒厂。

5. 鉴别

莲花白酒酒度为50%，含糖8%，无色透明，药香酒香协调，芳香宜人，滋味醇厚，甘甜柔和，回味悠长。

莲花白酒具有滋阴补肾、和胃健脾、舒筋活血、祛风除湿等功能。

6. 饮用与服务

慢饮、温饮、不杂饮，忌空腹饮。

7. 贮藏要求

莲花白酒应在阴暗、清凉、平稳的地方存放。温度要稳定，避免阳光或强烈灯光直接照射。

学习任务五 药酒及其服务

酒，在中医传统理论中素有“百药之长”之称。将强身健体的中药与酒“溶”于一体的药酒，不仅配制起来方便、药性稳定、安全有效，而且由于酒精是一种良好的半极性有机溶剂，中药的各种有效成分都易溶于其中，药借酒力、酒助药势而充分发挥其效力，能提高酒的疗效。从古传至今的著名药酒有御酒堂，现在新兴的药酒有龟寿酒、劲酒等。

中医理论认为，患病日久必将导致正气亏虚、脉络瘀阻。因此，各种慢性虚损疾病的病人，其自身也常常存在不同程度的气血不畅、经脉滞涩的问题。药酒中具有补血益气、滋阴温阳的滋补强身之品，同时酒本身又有辛散温通的功效。因此，药酒疗法可广泛应用于各种慢性虚损性疾患的防治，并能抗衰老、延年益寿。

药酒制作中常用的溶剂是白酒或黄酒，制酒过程中应注意把握几个适度：适度地粉碎药物，有利于增加扩散，但过细又会破坏细胞，导致酒体混浊。传统的做法是，粉碎成末的药材用纱布裹好，这样既便于药效发挥，又不至于酒体浑浊；适度地延长浸出时间，但过长会使杂质溶出，导致有效成分被破坏。遇到这种情况，御酒堂的做法是，采用地泡。另外，还可以适度提高浸出温度，但过热会使某些成分挥发。

一、药酒的概念

药酒，即中国配制酒，又称混成酒，是用白酒、葡萄酒或黄酒作为基酒，再配以中药材、香料等制成的酒精饮料。酒度一般为20%～40%，对补益健康和防治疾病具有良好的效果。

药酒有以下两种。

(一) 药性药酒

配用的中药材大多具有防治某种疾病的特殊功效，药性药酒主要是借用酒精提取这些药材中的有效成分，以提高药物的疗效。我国著名的药性药酒有人参酒、延寿酒、参茸虎骨酒、鸿茅药酒等。

(二) 补性药酒

补性药酒配制时所选用的中药材大多属于滋补性。此类药酒不作为饮料酒日常饮用，但对人体健康有益，特别具有某种滋补作用。较为知名的有花粉蜂蜜酒、大蒜保健酒、雪蛤大补酒等。

二、药酒的起源

药酒可应用于疾病防治。药酒在我国医药史上一直处于重要的地位，成为历史悠久的传统剂型之一，至今在国内外医疗保健事业中仍享有较高的声誉。

药酒是选配适当中药，经过必要的加工，用度数适宜的白酒或黄酒为溶媒，浸出其有效成分而制成的澄明液体。在传统制法中，也有在酿酒过程中加入适宜的中药酿制而成。实质上，药酒是一种加入中药的酒。

药酒的起源与酒是分不开的，中国是人工酿酒最早的国家，早在新石器时代晚期的龙山文化遗址中，就曾发现很多陶制酒器。关于造酒，最早的文字记载见于《战国策·魏策二》：“昔者帝女令仪狄作酒而美，进之禹，禹饮而甘之。”此外，《世本》亦讲道：“少康作秫酒。”少康即杜康，是夏朝第五代国君。这些记载说明，在四千多年前的夏代，酿酒业已发展到一定水平，所以后世有“仪狄造酒”及“何以解忧？唯有杜康”(出自曹操《短歌行》)之说。这里“杜康”已成为酒的代名词。

商殷时代，酿酒业得到进一步发展。当时人们已掌握曲蘖酿酒的技术，如《尚书·说命篇》中有商王武丁对“若作酒醴，尔维曲蘖”的论述。在殷墟河南安阳小屯村出土的商朝武丁时期(公元前1200多年前)的墓葬中，有近两百件青铜礼器，其中各种酒器约占70%。出土文物中就有大量的饮酒用具和盛酒容器，可见当时饮酒之风盛行。从甲骨文的记载可以看出，商朝对酒极为珍重，把酒作为重要的祭祀品。值得注意的是，在罗振玉考证的《殷墟书契前论》甲骨文中有“鬯其酒”的记载，对照汉代班固《白虎通义·考黜》曾释“鬯者，以百草之香，郁金合而酿之成为鬯”，这表明在商代已有药酒出现。

到了周代，饮酒越来越普遍，已设有专门管理酿酒的官员，称“酒正”，酿酒的技术已日臻完善。《周礼》记载着酿酒的六要诀：秫稻必齐(原料要精选)，曲蘖必时(发酵要限时)，湛炽必洁(淘洗蒸者要洁净)，水泉必香(水质要甘醇)，陶器必良(用以发酵的窖池、瓷缸要精良)，火齐必得(酿酒时蒸烤的火候要得当)。这里把酿酒应注意的方面都说到了。西周时期，已有较完善的医学分科和医事制度，设“食医中士二人，掌和王之六食、六饮、六蟮……之齐(剂)”。其中，食医即掌管饮食营养的医生。六饮，即水、浆、醴(酒)、凉、酱、酏。由此可见，周朝已把酒列入医疗保健范畴进行管理。《周礼》有“医酒”，汉代许慎在《说文解字》中，更明确提出：“酒，所以治病也。”这说明药酒在周、汉代被用来治病的现象相当普遍。

我国最古的药酒酿制方法记载在1973年马王堆出土的帛书《养生方》和《杂疗方》中。从《养生方》的现存文字中，可以辨识的药酒方共有6个：①用麦冬(即颠棘)配合秫米等酿制的药酒(原题：“以颠棘为浆方”治“老不起”)。②用黍米、稻米等酿制的药酒(“为醴方”治“老不起”)。③用美酒和麦×(不详何药)等酿制的药酒。④用石膏、藁本、牛膝等药物酿制的药酒。⑤用漆和乌喙(乌头)等药物酿制的药酒。⑥用漆、节(玉竹)、黍、稻、乌喙等酿制的药酒。《杂疗方》中酿制的药酒只有一方，即用智×(不详何物)和薜荔根等药放入甑内制成醴酒。其中大多数资料已不齐，比较完整的是《养生方》“醪利中”的第二方。该方记叙了药酒的整个制作过程、服用方法、功能主治等内容，是有关酿制药酒工艺的最早的完整记载，也是我国药学史上的重要史料。

先秦时期，中医发展到一定程度，这一时期的医学代表著作《黄帝内经》针对酒在医学上的作用做过专题论述。在《素问·汤液醪醴论》中，首先讲述醪醴的制作“必以稻米、炊之稻薪、稻米者完、稻薪者坚”。即用完整的稻米做原料，坚劲的稻秆做燃料酿造而成的，醪是浊酒，醴是甜酒。“自古圣人之作汤液醪醴者，以为备耳……中古之世，道德稍衰，邪气时至，服之万全”，说明古人对用酒类治病是非常重视的。《史记·扁鹊仓公列传》中“其在肠胃，酒醪之所及也”，记载了扁鹊认为可用酒醪治疗肠胃疾病的看法。

汉代，随着中药方剂的发展，药酒便渐渐成为其中的一个部分，其表现是临床应用的针对性大大增强，其疗效也进一步提高。如《史记·扁鹊仓公列传》收载了西汉名医淳于意的二十五个医案，这是我国目前所见最早的医案记载，其中列举了两例以药酒治病的医案：一个是济北王患“风蹶胸满”病，服了淳于意配的三石药酒，得以治愈；另一个是菑川有个王美人患难产，淳于意用莨菪酒治愈，并产下一婴孩。东汉·张仲景在《伤寒杂病论》中，则载有“妇人六十二种风，腹中血气刺痛，红兰花酒主之”。红兰花有行血活血的功效，用酒煎更能加强药效，使气血通畅，则腹痛自止。此外，瓜蒌薤白白酒汤等，也是药酒的一种剂型，借酒气轻扬，能引药上行，达到通阳散结、豁痰逐饮的目的，以治疗胸痹。至于他在书中记载的以酒煎药或服药的方例，则更为普遍。

隋唐时期，是药酒使用较为广泛的时期，记载药方最丰富的当数孙思邈的《千金方》，共有药酒方80余首，涉及补益强身，内、外、妇科等几个方面。《千金要方·风毒脚气》中专有“酒醴”一节，共载酒方16首，《千金翼方·诸酒》载酒方20首，是我国现存医著中，最早对药酒加以叙述的专题综述。

此外，《千金方》对酒及酒剂的毒副作用已有一定认识，认为“酒性酷热，物无以加，积久饮酒，酣兴不解，遂使三焦猛热，五脏干燥”“未有不成消渴”。因此，书中针对当时一些嗜酒纵欲所致的种种病状，研制了不少相应的解酒方剂，如治饮酒头痛方、治饮酒中毒方、治酒醉不醒方等。

宋元时期，随着科学技术的发展，制酒业也有所发展，朱翼中在政和年间撰著了《酒经》，又名《北山酒经》，它是继北魏《齐民要术》后一部关于制曲和酿酒的专著。该书上卷论酒，中卷论曲，下卷论酿酒之法，由此书可看到，当时对制曲原料的处理和操作技术都有了进一步的发展。“煮酒”一节谈到的加热杀菌以存酒液的方法，比欧洲要早数百年，为我国首创。

三、药酒的生产工艺

药酒的配制方法一般有浸泡法、蒸馏法、精炼法三种。浸泡法是指将药材、香料等原料浸没于成品酒中陈酿而制成配制酒的方法；蒸馏法是指将药材、香料等原料放入成品酒中进行蒸馏而制成配制酒的方法；精炼法是指将药材、香料等原料提炼成香精加入成品酒中而制成配制酒的方法。

四、药酒名品

(一) 人参酒

人参酒如图4-10所示。

图4-10 人参酒

【处方】人参30g，白酒1200ml。

【制法】

(1) 用纱布缝一个与人参大小相当的袋子，将人参装入，缝口；

(2) 放入酒中浸泡数日；

(3) 之后倒入砂锅内，在微火上煮，将酒煮至500～700ml时，将酒倒入瓶内；

(4) 将其密封，冷却，存放备用。

【功能与主治】补益中气，温通血脉。

【用法与用量】每次10～30ml，每日1次(上午服用为佳)。

【备注】人参：味甘微苦；生者性平，熟者偏温。功在补五脏，益六腑，安精神，健脾补肺，益气生津，大补人体之元气。能增强大脑皮质兴奋过程的强度和灵活性，能强身健体，使身体对多种致病因子的抗病力增强，改善食欲和睡眠，增强性功能，并能降低血糖，抗毒，抗癌，提高人体对缺氧的耐受能力等。

【摘录】《本草纲目》

(二) 八珍酒

八珍酒如图4-11所示。

【处方】全当归26g，炒白芍18g，生地黄15g，云茯苓20g，炙甘草20g，五加皮25g，肥红枣36g，胡桃肉36g，白术26g，川芎10g，人参15g，白酒1500ml。

【制法】

(1) 将所有的药用水洗净后研成粗末；

(2) 装进用三层纱布缝制的袋中，将口系紧；

(3) 浸泡在白酒坛中，封口，在火上煮1小时；

(4) 药冷却后，埋入净土中，5天后取出来；

(5) 再过3～7天，开启，去掉药渣包将酒装入瓶中备用。

【功能与主治】滋补气血，调理脾胃，悦颜色。用以治疗因气血亏损而引起的面黄肌瘦，心悸怔忡，精神萎靡，脾虚食欲不振，气短懒言，劳累倦怠，头晕目眩等症。

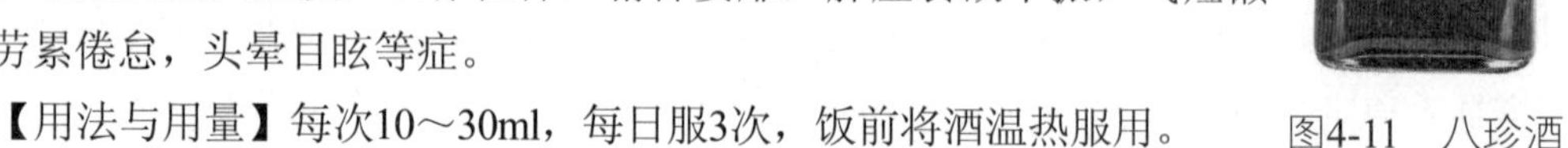

【用法与用量】每次10～30ml，每日服3次，饭前将酒温热服用。

图4-11 八珍酒

【备注】方中人参、白术、茯苓、甘草：补脾益气。当归、白芍、地黄、川芎：滋养心肝，补血而理气。川芎：可使地黄、当归补而不腻。五加皮：祛除风湿，强壮筋骨。胡桃肉：润肺补肾，乌须发，强记忆。大枣：健脾而调和诸药。

【摘录】《万病回春》

(三) 延寿酒

延寿酒如图4-12所示。

【处方】黄精30g，天冬30g，松叶15g，枸杞20g，苍术12g，白酒1 000ml 。

【制法】将黄精、天冬、苍术切成小块，松叶切成碎末，同枸杞一起装入瓶中。再将白酒注入瓶内，摇匀，静置浸泡10～12天即可饮用。

【功能与主治】 滋养肺肾，补精填髓，强身益寿。主治体虚食少、乏力、脚软、眩晕、视物昏花、须发早白、风湿痹证、四肢麻木等症。无病少量服用，有强身益寿之功。

图4-12 延寿酒

【用法与用量】 口服。每次服10～20ml，日服2～3次。

【摘录】 《中国药膳学》

(四) 回春酒

回春酒如图4-13所示。

【处方】人参30g，荔枝肉800g，白酒2.5kg。

【制法】将人参切薄片，荔枝切碎，一同装入纱布袋内，扎紧口，放入酒坛中，倒入白酒，密封浸泡15天，隔日摇动1次。取上清酒液饮服。

【功能与主治】大补元气，养血安神，健身益寿。适用于年

图4-13 回春酒

老体弱，病后体虚，体质虚弱，未老先衰，神经衰弱，精神不振，心悸怔忡，失眠健忘，以及性机能减退者。

【用法与用量】每日2次，每次空腹温服20ml。

【备注】阳盛、阴虚火旺者忌服。

【摘录】《同寿录》

(五) 参茸虎骨酒

参茸虎骨酒如图4-14所示。

【处方】虎胫骨4两，麻黄3两，防风2两，红人参1两，贯筋5两，桂枝3两，怀牛膝2两，白花蛇4两，炙马钱2两，防己4两，陈皮3两，杜仲2两，当归2两，木瓜4两，没药2两，灵仙3两，秦艽2两，肉桂4两，鹿茸1两，乳香2两，川断1两，补骨脂1两，龟板胶1两，羌活2两，血竭花3两。

图4-14 参茸虎骨酒

【制法】诸药纳入疏布袋内，放坛中入白酒100斤，将口封固，放沸水锅中煮6小时，取袋滤去滓，加冰糖6斤，血竭和冰糖后入。

【功能与主治】舒筋活血，止痛散风。主治筋骨疼痛，麻木不仁，半身不遂，胃腹寒胀，腰酸腿痛，瘈疭拘挛，瘫痪痿痹，一切风寒湿病。

【用法与用量】每早晚各温服1杯(约2钱)。

【备注】孕妇忌服。

【摘录】《全国中药成药处方集》(沈阳方)

(六) 鸿茅药酒

鸿茅药酒如图4-15所示。

【处方】 制何首乌15g，地黄15g，白芷15g，山药(炒)15g，五倍子15g，广藿香15g，人参30g，桑白皮15g，海桐皮15g，甘松15g，独活15g，苍术(炒)15g，川芎15g，菟丝子(盐炒)15g，茯神15g，青皮(炒)15g，草果15g，山茱萸(去核)15g。

图4-15 鸿茅药酒

附子(制)15g，厚朴30g，陈皮15g，五味子15g，牛膝15g，枳实(炒)30g，高良姜15g，山柰15g，款冬花15g。

小茴香(盐炒)240g，桔梗60g，熟地黄30g，九节菖蒲30g，白术(炒)45g，槟榔45g，甘草30g，当归90g，秦艽15g。

红花60g，莪术15g，莲子(去心)15g，木瓜15g，麦冬(去心)15g，羌活15g，香附(炒)15g，肉苁蓉15g，黄芪15g。

天冬15g，桃仁15g，栀子(炒)15g，泽泻15g，乌药15g，半夏(制)15g，天南星

(制)15g，苦杏仁(去皮、尖)15g，茯苓30g。

远志15g，淫羊藿(炒)15g，三棱(醋制)15g，茜草15g，砂仁60g，肉桂120g，白豆蔻60g，红豆蔻30g，荜茇60g。

沉香30g，豹骨15g，麝香1g，红曲900g。

【制法】以上67味，除红曲外，麝香研细，豹骨加5倍量水煎煮10小时，至胶尽，将煎液滤过，滤液浓缩至稠膏状，放冷，备用；砂仁、肉桂、白豆蔻、荜茇、沉香粉碎成粗粉，其余制何首乌等58味另粉碎成粗粉。另取白酒157 500g、红糖22 680g、冰糖7 440g及红曲共置罐中，加入上述药粉，隔水加热，炖至酒沸，倾入缸内，冷却后密封，静置2个月以上，取上清液，将残渣压榨，榨出液澄清后，加入麝香细粉，搅匀，密封静置，与上清液合并，得187 000g酒液，滤过，即得。

【性状】本品为深红棕色液体；味微甜、微苦。

【功能与主治】祛风除湿，补气通络，舒筋活血，健脾温肾。用于风寒湿痹，筋骨疼痛，脾胃虚寒，肾亏腰酸以及妇女气虚血亏等症。

【用法与用量】口服，一次15ml，一日2次。

【备注】阴虚阳亢患者及孕妇慎用。

【规格】每瓶装250ml或500ml。

【贮藏】密封，置于阴凉处。

五、药酒的鉴别

在用感官鉴别药酒的真伪与优劣时，应着重对酒的色泽、气味与滋味的测定与评价。对于瓶装酒还应注意鉴别其外包装和注册商标。在目测酒类色泽时，应先对光观察其透明度和颜色。药酒不应该有异味，诸如焦糊味、腐臭味、泥土味、糖味、酒糟味等不良气味。以醇厚无异味，无强烈刺激性为上品。凭口感鉴别药酒的滋味时，饮入口中的药酒，应于舌头及喉部细细品尝，以识别酒味的醇厚程度和滋味的优劣。

六、药酒的饮用与服务

药酒必须对症使用，不能盲目滥用。服用期间，如果病情变化，应及时请医生调整剂量或改用其他剂型。口服补益类药酒期间，须忌食蒜、葱、萝卜；服有解毒作用的药酒须忌生、冷、酸食；服调理脾胃的药酒须忌油腻、腥膻、生冷等不易消化的食物。

药酒不宜与西药同服，以免影响药效或出现副作用。口服药酒后一般不宜顶风冒寒，不宜立即针灸，不宜进行房事。

患有肝肾疾病、高血压、心脏病、酒精过敏、维生素缺乏症(尤其是维生素B缺乏)的人，以及儿童、孕妇、经期或哺乳期妇女不宜饮服药酒。

中医辨证属湿热阳盛体质的人忌用药酒，特别是壮阳之类的药酒。饮用药酒时间较长，可能影响机体的新陈代谢，造成蛋白质损失过多，故应适当补充蛋类、瘦肉等蛋白质食物。

可根据个人对酒的耐受力，来确定药酒的服用剂量，通常每人每次服30～50ml。不善饮酒者，可将药酒兑在葡萄酒、黄酒或冷开水中，按量饮用。药酒中虽含有酒精，但浓度不高，服用量又小，一般不会产生副作用，少量饮用还会增加唾液、胃液的分泌，有助于胃肠的消化和吸收。

肝肾疾病、高血压、过敏性疾病、皮肤病者，最好不要饮用药酒。需要饮用时，也应多兑一些水，放在锅里煮一下，除去大部分酒精后再饮用。

七、药酒的贮藏要求

制酒容器应以陶瓷制品或玻璃制品为宜，而不宜使用铝合金、锡合金或铁器等金属制品。使用的酒器应有盖，以防止酒的挥发和灰尘等的污染。陶瓷容器具有防潮、防燥、避光、保气，以及不易与药物发生化学反应等优点，而且外形古朴美观，具有文化特色，但在防渗透方面要比玻璃制品差。玻璃酒器经济价廉，容易获得，是家庭自制药酒常用的容器。但玻璃有吸收热的特点，且透明透光，容易造成药酒中有效成分的不稳定，影响贮藏，故一般应选用深色玻璃酒器。药酒制作完成后，应及时装瓶或盛坛，酒器上口要密封，勿使酒气外泄，防止空气与药酒接触，以免药物被氧化和被污染。封好瓶口的药酒应放置在阴凉干燥和避光的地方。服用时，随饮随倒，倒后立即将瓶口或坛口封闭。

小资料

中餐与西餐斟酒的特殊要求与服务

一、中餐斟酒的特殊要求与服务

中餐酒席宴会一般选用三种酒：一种是乙醇含量较高的烈性酒，如茅台、西凤、五粮液、汾酒及各种大曲酒；另一种是乙醇含量较低的果酒，如中国红葡萄酒、干白葡萄酒等；除白酒、果酒外，大部分配饮啤酒。随着低度酒的开发，目前有些宴会也喜欢选用乙醇含量较低的白酒。根据宾客的习惯不同，除了选用以上酒品外，还可选蜜酒或黄酒及各种果汁、矿泉水。

1. 斟酒要求

斟酒前一定要请客人自己选酒，客人选定的酒品在开封前一定请客人确认，确认无误后方可开封斟用。

2. 斟酒特点

中餐饮酒的杯具可一次性摆放于餐台上，摆放的位置自始至终不变。常规的斟酒时间应为宴会开始前5分钟左右，先斟果酒，再斟白酒，以便宾主入席即可举杯祝酒。待宾客落座后，根据宾客的不同需要，再斟啤酒或其他饮料。

3. 斟酒的特殊要求与服务

中餐宴席中，由于客人口味不同，他们对各种酒水的饮用方法也有不同的要求。有些客人喜欢饮用加温的白酒或黄酒，服务员就应提供特殊服务，即用准备好的温酒器具，按加温白酒或黄酒的方法和适宜温度予以加温，以满足客人的特殊需求。

二、西餐斟酒的特殊要求与服务

西餐饮用的酒品种类一般依菜肴的品种而定，即吃什么菜饮什么酒，饮什么酒配什么杯，都有严格的规定。较高级的西餐酒席宴会，一般要用7种以上的酒，也就是说，每道菜都配饮一种酒。

1. 斟酒要求

西餐斟酒的顺序要以上菜的顺序为准。

上开胃盘时应上开胃酒，配专用的开胃酒杯。

上汤时要上雪利酒(葡萄酒类)，配用雪利酒杯。

上鱼时，上酒度较低的白葡萄酒，用白葡萄酒杯并配用冰桶。

上副菜时上红葡萄酒，用红葡萄酒杯，冬天饮这种酒，有的客人喜欢用热水烫热(宴会用酒不烫)。陈年质优的红葡萄酒往往沉淀物较多，应在斟用前将酒过滤。

上主菜时上香槟酒，配用香槟杯。香槟酒是主酒，除主菜与香槟酒外，上其他菜、点心或讲话、祝酒时，也可跟上香槟酒。斟用香槟酒前，应做好冰酒、开酒、清洁、包酒等各项准备工作。

上甜点时跟上餐后酒，用相应酒杯。

上咖啡时跟上立口酒或白兰地，配用立口杯或白兰地杯。

2. 斟酒特点

在斟倒葡萄酒时，首先应将酒注入主人酒杯内1/5量，请主人品评酒质，待主人确认后再按顺序提供酒水斟倒服务。进餐当中每斟一种新酒时，则将上道酒挪后一位(即将上道酒杯调位到外档右侧)，便于宾客举杯取用。如果有国家元首(男宾)参加，饮宴则应先斟男主宾位，后斟女主宾位。一般宴会斟酒服务，则是先斟女主宾位，后斟男主宾位，再斟主人位，对其他宾客，则按座位顺时针方向依次斟酒。酒液斟入杯中的满度，根据酒的种类而定。

3. 斟酒的特殊要求与服务

西餐用酒品种较为繁多，有些酒水饮用时需加冰块或兑入苏打水、冰水等，针对不同特点的酒水，在服务中应根据不同的需求，提供相应的服务。如为冷饮的酒应备好冰酒桶、包酒布，斟酒前备好冰块、苏打水，同时准备充足的冷水及斟酒时用的酒篮、酒架。

资料来源：百度文库. wenku.baidu.com.

单元小结

本单元主要学习配制酒及其服务的理论知识，按照开胃酒、甜点酒、利口酒、露酒、药酒的格局搭建知识架构，遵循概念、起源、生产工艺、主要产地及名品、鉴别、饮用与服务、贮藏要求等形成知识主线，完善了相关理论认识。

单元测试

简述开胃酒、甜点酒、利口酒、露酒、药酒的生产工艺。

简述开胃酒、甜点酒、利口酒、露酒、药酒的主要产地及名品。

简述开胃酒、甜点酒、利口酒、露酒、药酒的鉴别方法。

在开胃酒、甜点酒、利口酒、露酒、药酒的饮用与服务中应注意哪些事项？

课外实训

结合实物，鉴别常见的几种配制酒。

学习单元五
鸡尾酒及其服务

课前导读

鸡尾酒是以一种或几种烈性酒作为基酒，与其他配料一起，用一定方法调制而成的混合饮料。一杯好的鸡尾酒应色、香、味、形俱佳，故鸡尾酒又称为艺术酒。鸡尾酒以其多变的口味、华丽的色泽、美妙的名称，满足了现代人对浪漫世界的遐想。

本单元主要阐述鸡尾酒的特点、分类、命名方法及鸡尾酒的调制方法。

学习目标

知识目标：

1. 了解鸡尾酒的含义与特点；
2. 了解鸡尾酒的分类与命名；
3. 了解鸡尾酒的调制器具；
4. 掌握鸡尾酒的调制技法与原则。

能力目标：

通过本单元的学习，能够准确、熟练地调制各种鸡尾酒。

学习任务一 鸡尾酒的基础知识

一、鸡尾酒简介

(一) 鸡尾酒的起源

关于鸡尾酒的起源有很多传说，至今众说纷纭。最早的有关鸡尾酒的文字记载，出现在1806年美国一本名为《平衡》的杂志中，它记载了鸡尾酒是用酒精、糖、水(冰)或苦味酒混合而成的饮料。随着时代的发展，鸡尾酒已成为所有混合饮料的通称。鸡尾酒如图5-1所示。

图5-1　鸡尾酒

1. 传说之一

传说在19世纪，有一位叫克里福德的美国老人在美国哈德逊河边经营一家酒店。他有三件引以为傲的事情，人称“克氏三绝”：一是他有一只威风凛凛、气宇轩昂的大公鸡，是斗鸡场上的好手；二是他的酒窖里珍藏了世界上最优良的美酒；三是他的女儿艾恩米莉，是全镇有名的绝色佳人。镇里有个叫阿普鲁恩的年轻船员，经常来酒店闲坐，日久天长，他和艾恩米莉坠入爱河。老人也打心眼里喜欢他，但老是作弄他说：“小伙子，你想吃天鹅肉？给你个条件吧，赶快努力当个船长！”小伙子很有恒心，几年后，果真当上了船长并如愿与艾恩米莉举行了婚礼。老人比谁都快乐，他从酒窖里把最好的陈年佳酿全部搬出来，调成绝世美酒，在杯边饰以雄鸡尾，美艳之极。他为他的女儿和女婿干杯：“鸡尾万岁！”从此，鸡尾酒大行其道。

2. 传说之二

传说很久以前，有一艘英国轮船开进了墨西哥的尤卡里半岛的坎佩切港，长期在海上颠簸的水手们找到了一间酒吧喝酒、休息，以缓解海上颠簸的疲劳。在酒吧台中，一位少年酒保正用一根漂亮的鸡尾形无皮树枝调搅着一种混合饮料。水手们好奇地问酒保混合饮料的名字，酒保误以为对方是在问他树枝的名称，于是答道：“考拉德·嘎窖。”这在西班牙语中是“公鸡尾”的意思。这样一来，“公鸡尾”就成了混合饮料的总称。

3. 传说之三

传说大约在1519年，在墨西哥高原地带或新墨西哥、中美等地统治墨西哥人的阿兹特尔克族中，有位曾经拥有统治权的阿兹特尔克贵族，他让爱女Xochitl将亲自配制的珍贵混合酒奉送给当时的国王，国王品尝后倍加赞赏。于是，将此酒以那位贵族女儿的名字命名为“Xochitl”，这种酒也在以后逐渐演变成为今天的“Cocktail”。

4. 传说之四

传说美国独立战争末期，有一位移民美国的爱尔兰少女名叫蓓丝，在约克镇附近开了一家客栈，还兼营酒吧生意。1779年，美法联军官兵到客栈集会，他们品尝蓓丝发明的一种名唤“臂章”的饮料，发现饮后可以提神解乏，养精蓄锐，鼓舞士气，这种酒也因此深受士兵们的欢迎。只不过，蓓丝的邻居，是一个专擅养鸡的保守派人士，敌视美法联军。尽管他所饲养的鸡肥美无比，却不受爱国人士青睐。军士们还嘲笑蓓丝与其为邻，讥谑她是“最美丽的小母鸡”。蓓丝对此耿耿于怀，趁夜黑风高之际，将邻居饲养的鸡全宰了，烹制成“全鸡大餐”招待那些军士们。不仅如此，蓓丝还将拔掉的鸡毛用来装饰供饮的“臂章”，更使得军士们兴奋无比。一位法国军官激动地举杯高喊：“鸡尾万岁！”从此，凡是蓓丝调制的酒，都被称为鸡尾酒。于是鸡尾酒从此声名鹊起，风行不衰。

5. 传说之五

传说18世纪末，一名厨师为了不让主人察觉自己偷喝酒，就把每一种酒都偷一点，再将各种酒混起来喝掉。不料这样的酒别有风味，从此这种饮酒法便流行起来。因为这位厨师的屁股特别翘，犹如鸡尾巴一样，所以大家就称他喝的酒为“鸡尾酒”。

6. 传说之六

传说美国独立战争结束不久，当时斗鸡活动很盛行。在肯塔基州的一家酒厂里，有个好吹牛的酒匠。一天，在观看斗鸡之际，由于他一心只在唾沫四溅地讲斗鸡如何如何了不起，不知不觉中将放在手边的很多种酒混倒在同一个杯子里喝。看着这个喝得心满意足的吹牛大王，众人不禁起哄道：“喂！再来点斗鸡的话——(Cock’s Tale)。”由此谐音，后人便称数种酒混合而成的酒为鸡尾酒。

(二) 鸡尾酒的含义

鸡尾酒由英语“Cocktail”翻译而成，是以各种蒸馏酒、利口酒和葡萄酒为基本原料，再配以其他材料，如柠檬汁、苏打水、汽水、奎宁水、矿泉水、糖浆、香料、牛奶、鸡蛋、咖啡等混合而成，并以一定的装饰物作为点缀的酒精饮料。调制鸡尾酒的目的实际上是使高酒度的酒转化为低酒度的饮料。

(三) 鸡尾酒的成分构成

一杯好的鸡尾酒应色、香、味、形俱佳。因此，鸡尾酒通常是由基酒、辅料、配料和装饰物四部分构成的，部分鸡尾酒需要加米。

1. 基酒

基酒又称酒基，是调制鸡尾酒使用的最基本的酒，它决定了鸡尾酒的性质和品种。基酒主要以烈酒为主，常用的基酒有金酒、威士忌、白兰地、朗姆酒、伏特加、特基拉等；也有些鸡尾酒用开胃酒、葡萄酒、餐后甜酒等做基酒；还有个别鸡尾酒不含酒精成分，纯用软饮料配制而成。

2. 辅料

辅料又称调和料，是指用于冲淡、调和基酒的原料。辅料与基酒混合后，不仅能降低基酒的酒精含量，调缓其特殊的刺激性，而且能为基酒加色加味，调制成色、香、味俱佳的鸡尾酒。辅料的种类远比基酒多，常用的辅料有： 碳酸类饮料(如雪碧、可乐、苏打水、汤力水、干姜水等)；果蔬汁(如橙汁、柠檬汁、青柠汁、西瓜汁、番茄汁、胡萝卜汁等)；提香增味材料(如各类利口酒、水果酒、糖浆、苦精、蜂蜜等)。

3. 配料

配料又称附加料，是指用于增加鸡尾酒颜色和风味的一些材料。通常用量较少。常用的配料有盐、糖、胡椒粉、辣椒汁、番茄汁、豆蔻粉、生鸡蛋等。

4. 装饰物

装饰物具有装饰和调味的双重作用。常用的装饰材料有：水果类(如樱桃、柠檬、青柠、菠萝、苹果、香蕉等)；蔬果类(如西芹、黄瓜、胡萝卜等)；果皮叶类(如西瓜皮、橙皮、柠檬皮、黄瓜皮、薄荷叶、月季叶、菠萝叶等)；人工装饰物类(如各类吸管、搅捧、酒签等)；载杯类(如各种形状的载杯与杯垫等)；其他类(如杯口糖粉、杯口盐霜等)。

5. 冰

冰主要起冰镇和稀释作用。常用的冰的类型有：冰砖、方冰、球冰、冰霜、碎冰、刨冰等。

二、鸡尾酒的特点

(一) 混合酒型

鸡尾酒实际上是混合酒，或者说是含有酒的混合饮料。它是由两种或两种以上的酒水混合配制而成的，并用一定的装饰物加以点缀。

(二) 种类繁多

用于调制鸡尾酒的原料、配料种类繁多，而且在调制时各配料在分量上也会因地域、时间、客人口味的不同而有较大变化，因此，调制的鸡尾酒可以说是种类繁多。

(三) 色彩丰富

鸡尾酒具有细致、优雅、匀称、均一的色调。鸡尾酒的色彩主要来自调制酒品的基酒和辅料的色泽。不同色彩的鸡尾酒会给人带来不同的心理感受。

(四) 香气和谐

鸡尾酒在调制过程中，除了具有各种基酒不同的香氛和香型特征外，还吸收了辅料的一些香气，使自身达到和谐统一的香味风格。

(五) 口味多变

鸡尾酒在调制过程中，使用诸多味道不同的酒基与辅料，因此，其口味酸甜苦辣咸五味俱全，它可以满足人们对不同口味的需求。

(六) 盛载考究

鸡尾酒由式样新颖大方、颜色协调得体、容积大小适当的各种酒杯盛载。每一种酒杯都有特定的造型，盛装相应的鸡尾酒后，再配以协调的装饰物，如此装饰可使鸡尾酒锦上添花。

(七) 观赏价值

一杯好的鸡尾酒在色、香、味、形等方面都应有独到之处，其亮丽的色彩、个性化的味道、考究的酒杯、漂亮的装饰物、协调的整体造型，非常讲究艺术性，具有较好的观赏性。

学习任务二 鸡尾酒的分类与命名

一、鸡尾酒的分类

鸡尾酒种类繁多，目前有上千种，因此其分类方法也多种多样。鸡尾酒可依据饮用温度、时间、饮用场合、基酒等的不同，划分为不同的类型。

(一) 按饮用温度划分

1. 冷饮鸡尾酒

鸡尾酒以冷饮居多，一般温度在6℃～8℃时，最能展现鸡尾酒的风味。在调制时多放有冰块，或将配制鸡尾酒的辅料提前冷藏，如Cuba Libre。

2. 热饮鸡尾酒

以烈性酒为主要原料，使用热牛奶、热咖啡等调制而成。用于热饮的鸡尾酒并不多，热饮的温度一般在80℃～90℃时风味最佳，如Hot Whisky Toddy。

(二) 按饮用容量划分

1. 短饮鸡尾酒

短饮鸡尾酒通常酒精含量较高，基酒量大，味道突出，大部分酒度在30%左右，容量一般在80ml左右，且在调好后10～20分钟内饮用完为佳。因为这种酒具有刺激性，所以经常将其作为餐前开胃酒或在餐后饮用以促进消化，如Dry Martini。

2. 长饮鸡尾酒

长饮鸡尾酒大都含有碳酸饮料和新鲜水果汁，酒精浓度较低，通常在10%左右。而且每杯容量较大，容量常在180ml以上，可供客人长时间饮用且无太浓醉意。一般30分钟左右饮用完为佳。它适合用餐时或餐后饮用，如Gin Tonic。

(三) 按饮用目的划分

1. 餐前鸡尾酒

餐前鸡尾酒又称为餐前开胃鸡尾酒，主要在开胃菜上桌前饮用，起开胃作用。这类鸡尾酒通常酒精含量较低，含糖分较少，口味或酸或干烈，如Martini、Manhattan等。

2. 餐后鸡尾酒

餐后鸡尾酒是餐后佐助甜品、帮助消化的鸡尾酒，有消食健胃的功能，一般口味较甜，对酒精含量无要求，如B&B、Black Russian等。

3. 晚餐鸡尾酒

晚餐鸡尾酒是夜宵时佐餐用的鸡尾酒。晚餐鸡尾酒酒精含量较高，口味较辣，酒品色泽鲜艳，非常注重酒品与菜肴口味的搭配，如Night Cup Cocktail、Side Car等。

4. 酒会鸡尾酒

酒会鸡尾酒是在一些聚会场合饮用的鸡尾酒品，其酒精含量一般较低，且注重口味和色彩搭配，所搭配的餐食主要以点心、饼干为主，长饮、短饮都较常见，如Champagne Manhattan、Americano等。

(四) 按基酒划分

(1) 以金酒为基酒调制的鸡尾酒，如Dry Martini、Pink Lady等。

(2) 以朗姆酒为基酒调制的鸡尾酒，如Cuba Libre、 Bacardi等。

(3) 以白兰地为基酒调制的鸡尾酒，如Alexander、B&B等。

(4) 以威士忌为基酒调制的鸡尾酒，如Whisky Sour、Dry Manhattan等。

(5) 以伏特加酒为基酒调制的鸡尾酒，如Salty Dog、Bloody Mary等。

(6) 以香槟酒为基酒调制的鸡尾酒，如Classic Champagne、Americano等。

(7) 以利口酒为基酒调制的鸡尾酒，如Posse Cafe、America-no等。

(8) 以葡萄酒为基酒调制的鸡尾酒，如Claret Punch、Cha-blis Cup等。

(五) 按调制风格划分

1. 欧洲式

欧洲式鸡尾酒以英式鸡尾酒为主，以短饮居多，酒精含量较高。

2. 美国式

美国式鸡尾酒以长饮为主，酒精含量较少。

3. 中国式

中国式鸡尾酒以国产酒作为基酒。

(六) 按配制特点划分

1. 亚历山大类

亚历山大类鸡尾酒，以鲜牛奶、咖啡利口酒或可可利口酒加烈酒配置而成，属于短饮类鸡尾酒。一般用三角鸡尾酒杯盛装，如Gin Alex-ander等。

2. 考林斯类

考林斯类鸡尾酒，又称为“哥连士”，以烈性酒为主要原料，再加柠檬汁、苏打水和糖等调配而成，属于长饮类鸡尾酒。一般用高杯盛装，名品有John Collins等。

3. 蛋诺类

蛋诺类鸡尾酒，以烈性酒为原料，加鸡蛋、牛奶、糖粉和豆蔻粉调配而成。一般用葡萄酒杯或海波杯盛装，如Run Egg Nog等。

4. 提神类

提神类鸡尾酒，以烈性酒为基本原料，加橙味利口酒或茴香酒、薄荷酒、味美思酒等提神开胃酒，加入果汁、苏打水等配制而成。一般用三角形鸡尾酒杯盛装，如Orange Wake up等。

5. 漂漂类

漂漂类鸡尾酒，又称多色鸡尾酒或彩虹鸡尾酒，是根据酒水的密度不同调制而成的，密度较大的酒水置于杯的下部，密度较小的酒水置于密度较大的酒水的上面，依次进行，调制出颜色层次分明的鸡尾酒。漂漂类鸡尾酒一般用利口酒杯或彩虹酒杯盛装，如French Café等。

二、鸡尾酒的命名

鸡尾酒的命名五花八门，可以根据原料、颜色、味道、装饰、人名、风景、典故等来为鸡尾酒命名。常用的命名方式有以下几种。

(一) 根据鸡尾酒的原料名称命名

鸡尾酒的名称包括饮品的主要原料。如金汤尼(Gin Tonic)，因该鸡尾酒是由“金酒”(Gin)和“汤力水”(Tonic)两种原料配制而成的。

(二) 根据鸡尾酒的基酒名称和鸡尾酒的种类命名

鸡尾酒的名称包括选用的基酒名称和鸡尾酒所属的种类名称。如白兰地亚历山大(Brandy Alexander)，白兰地是调制Brandy Alexander的基酒，亚历山大是短饮类鸡尾酒的一个种类。

(三) 根据鸡尾酒的颜色命名

鸡尾酒以调制好的饮品的颜色命名。如红粉佳人(Pink Lady)，因其调成后的鸡尾酒颜色呈粉红色。

(四) 根据鸡尾酒的味道命名

鸡尾酒以其主要味道命名。如威士忌酸酒(Whiskey Sour)，是用威士忌基酒加入柠檬汁调制而成的，体现了柠檬汁的“酸”。

(五) 根据鸡尾酒的装饰特点命名

鸡尾酒以其装饰特点命名。很多饮料因装饰物的改变而改变名称。如马颈(Horse

Neck)，其装饰物是用柠檬皮旋成螺旋状，一端挂在海波杯的杯边上，其余部分垂入杯内，像一匹骏马美丽而细长的脖颈。

(六) 根据鸡尾酒的典故命名

很多鸡尾酒拥有特定的典故，因此以典故命名，如血玛丽(Bloody Mary)。

(七) 根据著名人物或职务名称命名

鸡尾酒有时根据著名的人或一定的职务来命名。如戴安娜(Diana)就是以希腊神话中的女神来命名的。

(八) 根据著名的地点或风景名称命名

鸡尾酒有时根据著名的地点和风景的名称来命名。如蓝色夏威夷(Blue Hawaii)，因此款鸡尾酒蓝色的酒液、雪白的冰块、浅黄色的菠萝角、红色的樱桃的和谐组配，像极了夏威夷的热带风光图。

(九) 根据鸡尾酒的形象命名

鸡尾酒有时根据事物的形象来命名。如特基拉日出(Tequila Sunrise)，此款鸡尾酒通过酒液的层次，形象地展现出一幅一轮红日喷薄而出的景象。

学习任务三 鸡尾酒的调制技法与原则

一、鸡尾酒的调制技法

鸡尾酒的调制技法有两种：英式调酒和美式调酒(又称花式调酒)。

(一) 英式调酒

1. 调和法

调和法又称搅拌法，分为两种方法：调和滤冰法和单纯调和法。具体方法：先把冰块加入调酒杯中，然后将所需基酒及辅料按先辅料后基酒的顺序倒入调酒杯内，右手拿调酒匙在杯内侧顺时针方向迅速旋转搅动10～15转。当另一只紧握调酒杯的手感到冰冷时，即表示已达到冷却温度，便可以通过滤酒器倒入所需的载杯中，此方法称为调和滤冰法。有些酒不需要滤冰，则称为单纯调和法。调和法一般用于主配料较易混合且较清澈的鸡尾酒的调制。如曼哈顿、马天尼等就是使用调和法调制的鸡尾酒。

2. 摇和法

摇和法又称摇晃法，是将基酒及配料、冰块等放入调酒壶，用力来回摇晃，使其充分混合，通常摇到调酒壶表面结有冰霜即可。摇和法能去除酒的辛辣，让较难混合的材料快速融合在一起，使酒温和，且入口顺畅。摇和法一般用于某些成分(糖、奶、鸡蛋、果汁等)不能与基酒稳定混合的鸡尾酒的调制。调制时可使用普通调酒壶，也可使用波士顿调酒壶。如青蚱蜢、红粉佳人等就是使用摇和法调制的鸡尾酒。摇和法有单手摇和双手摇两种动作。

单手摇和法是将调酒壶盖好，用右手按住调酒壶的壶盖，大拇指抵住滤冰网兼盖子与壶体的结合处，其余三指夹住壶体，不停地上下摇动或左右摇动。此种摇法比较适用于中小型的调酒壶。

双手摇和法是右手的拇指按住调酒壶的壶盖，用无名指及小指夹住壶身，中指及食指并拢撑住壶身，左手的中指及无名指置于壶体底部，拇指按住滤网，食指及小指夹住壶体，不停地上下摇动。摇动时，手中的调酒壶要放在肩部与胸部之间，并呈横线水平状，前后做有规律的活塞式运动。

3. 兑和法

兑和法是将配方中的酒液按照分量依次直接倒入酒杯中，使各种材料混合均匀。如螺丝钻、七彩虹就是使用兑和法调制的鸡尾酒。兑和法又分漂浮法和直接注入法。

漂浮法是将材料依照比重顺序，优先加入比重较重的材料，利用吧匙背面，沿着杯缘缓缓加入第二种、第三种材料，达到分层效果。

直接注入法是在杯中放入3～4块冰块或适量碎冰，依配方顺序将材料倒入杯中，以吧匙轻轻搅拌6～7圈，并上下拉动使材料混合均匀。

4. 搅和法

搅和法是把酒水与碎冰按配方要求放入电动搅拌机中，启动10秒钟后倒入酒杯中。搅和法一般用于调制的酒品中含有水果或固体食物的鸡尾酒的调制，特别适合配制冰冷型或雪泥形状的鸡尾酒。这种方法需要使用碎冰块，且最后需放入搅拌机中。如草莓龙舌兰、椰子黄芪等就是使用搅和法调制的鸡尾酒。

(二) 美式调酒

美式调酒又称花式调酒，它是当今世界上非常流行的调酒方式，调酒师在调酒的过程中融入了个性，可运用酒瓶、调酒壶、酒杯等调酒用具表演令人赏心悦目的调酒动作，从而达到吸引客人、促销酒水的目的。基本技法有以下几种。

1. 直调法

直调法就是将酒液直接倒入杯中混合。

2. 漂浮添加法

漂浮添加法就是将一种酒液加到已混合的酒液上，产生向上渗透的效果。

3. 果汁机搅拌法

果汁机搅拌法就是把所需酒液连同碎冰一起加入搅拌机中，按配方要求的速度搅拌。

4. 摇动和过滤法

摇动和过滤法就是将所需酒液连同冰块放入波士顿摇酒壶中，快速摇动后滤入酒杯。

在英式调酒中，摇动和过滤法被称为摇和法。

5. 混合法

混合法就是把酒液按比例倒入波士顿摇酒壶，可根据配方加入冰块，把摇酒壶放在搅拌轴下，打开开关，搅拌8～10秒，再把混合好的饮料倒入酒杯。

6. 搅动和过滤法

搅动和过滤法就是将所需酒液连同冰块放入波士顿摇酒壶，搅动后滤入酒杯。

7. 捣棒挤压法

捣棒挤压法就是在杯中用捣捧将水果粒通过挤压的方式压成糊状，然后将摇妥或搅拌好的酒液倒入其中。

8. 层加法

层加法就是按照各种酒品糖分比重的不同，按配方顺序将其依次倒入杯中，使其层次分明。每种酒液都是直接倒在另一种酒液上，不加以搅动。

二、鸡尾酒的调制原则

(1) 应严格按照配方中原料的种类、商标、规格、年限和数量标准来配制鸡尾酒，严禁使用替代品或劣质原料。按配方调制的酒的外观与口味应该是标准的。

(2) 使用正确的调酒工具，调酒壶、酒杯、调酒杯不可混用、代用。

(3) 酒杯、调酒器等必须保持干净、清洁、透明、光亮，以便随时取用而不影响连续操作。同时，在调酒时，手只能接触杯的下部，切忌用手拿杯口。

(4) 调酒时，必须用量杯计量主要基酒、调味酒和果汁的需要量，不要随意把原料倒入杯中。

(5) 使用调酒壶调制鸡尾酒时动作要快、要用力，摇至调酒壶表面起霜后，立即将酒滤入酒杯中。同时，手心不要接触调酒壶，以防温度升高使冰块过分融化，冲淡鸡尾酒的味道。

(6) 加料的程序要遵循先辅料、后基料的原则，即加料时先放入冰块或碎冰，再加苦精、糖浆、果汁等辅料，最后加入基酒。

(7) 酒杯装载混合酒不能太满或太少，杯口留的空隙以1/8为宜。

(8) 调制鸡尾酒时使用的材料要新鲜，并要使用当天切配好的新鲜水果做装饰物或配料。

(9) 绝大多数的鸡尾酒需要现喝现调，调完后不可放置太长时间。同时，调酒壶里如有剩余的酒，应将冰块取出，不可长时间地在调酒壶中放置，应尽快滤入干净的酒杯中，以防失去其应有的味道。

(10) 起泡的配料不能放入调酒壶、电动搅拌器或榨汁机中，如配方中有起泡的原料且需用摇和法或搅和法调制时，则应先加入其他材料摇晃，最后加入起泡配料。

(11) 在使用玻璃调酒杯时，如果当时室温较高，使用前应先将冷水倒入杯中，然后加入冰块，滤出水，再加入调酒材料进行调制，以防直接加入冰块时骤冷而炸杯。

(12) 为了使各种材料完全混合，应尽量多采用糖浆、糖水，尽量少用糖块、砂糖等难溶于酒和果汁的材料。

(13) 不要用手接触酒水、冰块、杯边和装饰物，以保持酒水的卫生和质量。

(14) 一定要养成调配制作完毕将瓶子盖紧并复位的好习惯。开瓶时用拇指旋开盖，倒完酒后，应用食指盖上盖，客人走后将瓶盖拧紧。

(15) 调酒人员必须保持双手洁净，因为在许多情况下是需要用手直接操作的。如柠檬汁有时直接用手挤压。

(16) 酒瓶快空时，应开启一瓶新酒，不要在客人面前显示一只空瓶，更不要用两个瓶里的同一酒品来为客人调制同一份鸡尾酒。

(17) 冰块的使用要遵照配方。冰块、碎冰、冰霜不可混淆。调酒壶装冰时不宜装得过满。使用电动搅拌机时，一定要使用碎冰块。

(18) 为使鸡尾酒保持清爽的口味，所使用的酒杯一般在冷藏柜中降温，或埋于碎冰中。

学习任务四 鸡尾酒的调制器具与杯具

一、鸡尾酒的调制器具

鸡尾酒的调制器具如图5-2所示。

图5-2 鸡尾酒的调制器具

(一) 调酒壶(Cocktail Shaker)

调酒壶由壶盖、滤网及壶体组成，用于摇匀投放壶中的调酒材料和冰块，并使酒迅速冷却。调酒壶如图5-3所示。

图5-3 调酒壶

(二) 调酒杯(Mixing Glass)

调酒杯一般是一种比较厚的玻璃杯，杯壁上刻有刻度，供投料时作参考。主要用于搅匀鸡尾酒的材料。

(三) 调酒匙(Bar Spoon)

调酒匙又称酒吧长匙，它的柄很长，柄中间呈螺旋状，一般用不锈钢制成，用于搅拌鸡尾酒。

(四) 滤冰器(Strainer)

滤冰器通常用不锈钢制成。用调酒杯调酒时，用它过滤冰块。

(五) 冰桶(Ice Bucket)

冰桶用来盛放冰块，有不锈钢和玻璃两种。

(六) 冰夹(Ice Tongs)

冰夹是夹取冰块的工具。

(七) 冰铲(Ice Container)

冰铲是取冰块时使用的工具。

(八) 碎冰器(Crushed Ice Machine)

碎冰器是把大冰块碎成小冰块的工具。

(九) 榨汁器(Squeezer)

榨汁器是榨柠檬等水果汁时用的小型机器。

(十) 量酒杯(Jigger)

量酒杯是称量酒量的用具，通常为不锈钢制品，两用量衡杯，一端盛30ml酒，另一端盛45ml酒，也称为盎司盅，如图5-4所示。

图5-4　盎司盅

(十一) 开瓶器(Bottle Opener)

开瓶器是用于开啤酒、汽水瓶盖的工具。

(十二) 开瓶钻(Cork Screw)

开瓶钻是用于开软木塞瓶盖的工具。

(十三) 切刀和砧板(Knife＆Cutting Board)

切刀和砧板主要用于切水果和制作装饰品。

(十四) 特色牙签(Tooth Picks)

特色牙签是用塑料制成的，用于穿插各种水果点缀品。

(十五) 吸管(Absorb Pipe)

吸管用于吸食饮料。

(十六) 搅拌机(Blender)

搅拌机是用于搅拌分量多或固体材料的电动器具。

二、鸡尾酒的调制杯具

(一) 海波杯(Highball Glass)

海波杯由玻璃制成且无色透明，平底、直身、圆柱形，常用于盛放软饮料、果汁、鸡尾酒、矿泉水，是酒吧中使用频率最高、必备的杯具。

(二) 柯林杯(Collins Glass)

柯林杯由玻璃制成且无色透明，外形与海波杯大致相同，杯身略高于海波杯，多用于盛放混合饮料、长饮饮料、鸡尾酒及奶昔等。

(三) 烈酒杯(Shot Glass)

烈酒杯由玻璃制成且无色透明，容量为1～2盎司，盛放净饮的烈性酒和鸡尾酒。

(四) 鸡尾酒杯(Cocktail Glass)

鸡尾酒杯由玻璃制成且无色透明，形状呈倒三角阔口型，用于盛放鸡尾酒。

(五) 古典杯(Old Fashioned Glass)

古典杯由玻璃制成且无色透明，厚底，多用于盛放烈酒、加冰饮用的烈酒。

(六) 白兰地杯(Brandy Glass)

白兰地杯由玻璃制成且无色透明，矮脚、大肚、球型杯，只适用于盛放白兰地酒。

(七) 香槟杯(Champagne Glass)

香槟杯由玻璃制成且无色透明，其中的碟形香槟杯为高脚、浅身、阔口，主要用于酒会码放香槟塔。其中，郁金香型香槟杯为高脚、杯身瘦长，主要用于饮用香槟酒。

(八) 利口杯(Liqueur Glass)

利口杯由玻璃制成且无色透明，形状小，盛放净饮餐后利口酒。

(九) 葡萄酒杯(Wine Glass)

葡萄酒杯由玻璃制成且无色透明，高脚、大肚，其中红葡萄酒杯比白葡萄酒杯略大。

(十) 玛格丽特杯(Margarita Glass)

玛格丽特杯由玻璃制成且无色透明，高脚、阔口、浅身、碟身，专用于盛放玛格丽特鸡尾酒。

(十一) 果汁杯(Juice Glass)

果汁杯由玻璃制成且无色透明，与古典杯形状相同，略小，用于盛放果汁。

(十二) 雪利酒杯(Sherry)

雪利酒杯由玻璃制成且无色透明，矮脚、小容量，专用于盛放雪利酒。

(十三) 波特酒杯(Port Glass)

波特酒杯由玻璃制成且无色透明，形状与雪利酒杯相同，专用于盛放波特酒。

(十四) 酸酒酒杯(Sour Glass)

酸酒酒杯由玻璃制成且无色透明，与鸡尾酒杯形状相同，容量略大。

单元小结

本单元系统地介绍了鸡尾酒的含义、特点、分类、命名、调制方法、调制原则以及调酒时需要使用的器具。

鸡尾酒是以各种蒸馏酒、利口酒和葡萄酒为基本原料，再配以其他材料混合而成并以一定的装饰物作为点缀的酒精饮料；鸡尾酒有多种分类方法，可以根据它的原料、种类、颜色、口味等进行分类；鸡尾酒有多种命名方法，常以原料名称、口味特点、著名风景和著名典故等命名；鸡尾酒的调制方法有调和法、摇和法、兑和法和搅和法；调制鸡尾酒要遵循一定的原则，并使用一定的器具。

单元测试

1. 鸡尾酒的含义是什么？
2. 鸡尾酒的特点有哪些？
3. 鸡尾酒的分类有哪些？
4. 鸡尾酒的命名方法有哪些？
5. 鸡尾酒的调制技法有哪些？
6. 鸡尾酒的调制原则有哪些？
7. 鸡尾酒的构成要素有哪些？

课外实训

鸡尾酒的4种调制技法训练。

1. 调和法；
2. 摇和法；
3. 兑和法；
4. 搅和法。

学习单元六
茶及其服务

课前导读

世界三大无酒精饮料之一的茶，距今已有五千多年的历史。随着社会的进步和人们生活水平的提高，茶已成为人们生活中必不可少的一部分。茶不仅是一种生津止渴的饮料，回顾茶叶数千年的历史可以发现，茶还是一种集药用、保健、止渴等功能于一体的多功能型饮料。中国是茶树的发源地，是世界上最早发现和利用茶的国家，不但茶区分布较广，而且茶叶种类多样，每种茶叶在外形、香气或口感上都有细微的差别，因而造就了中国茶叶的多样风貌。

本单元主要阐述茶的特点、分类、冲泡方法及茶艺服务。

学习目标

知识目标：

1. 了解茶叶的基本种类；
2. 了解茶叶的主要产地及名品；
3. 掌握茶叶冲泡要素；
4. 掌握茶叶饮用与服务知识。

能力目标：

通过本单元的学习，能够准确、熟练地提供茶艺服务。

学习任务一 认识茶

一、茶的起源及应用

茶源于我国古代，距今已有五千多年的历史，后传播于世界。中国是茶的故乡。我国第一部诗歌总集《诗经》中已有“荼”的记载，如“采荼薪樗，食我农夫”“谁为荼苦，其甘如荠”。从晏子《春秋》等古籍中考知，“荼”“木贾”“茗”都是指茶。唐代陆羽所著《茶经》为世界上第一部有关茶叶的专著，陆羽因此被人们推崇为研究茶叶的始祖。

我国的茶叶产区辽阔，目前主要产区有浙江、安徽、湖南、四川、云南、福建、湖北、江西、贵州、广东、广西、江苏、陕西、河南、台湾等10多个省(区)。世界上主要的产茶国除我国以外还有印度、斯里兰卡、印度尼西亚、巴基斯坦、日本等。它们引种的茶树、茶树栽培的方法、茶叶加工的工艺和人们饮茶的习惯都是直接或间接地由我国传播的。茶是中华民族的骄傲。

茶在我国的利用经历了药用、食用、饮用、深加工综合利用4个阶段。这4个阶段既相互联系又相互渗透。茶并不仅仅是一种生津止渴的饮料，回顾茶叶数千年的历史可以发现，茶是一种集药用、保健、止渴等功能于一体的多功能型饮料。

(一) 药用

茶的药用始于神农时代，东汉时期的《神农本草》是我国有关茶叶记载的最早的书籍。书中写道："神农尝百草，日遇七十二毒，得荼而解之。""荼"，又名苦荼，是中国茶叶的古称。神农氏是我国上古时代一位被神化的人物形象，与伏羲、燧人氏并称为"三皇"。传说他不仅是我国农业、医药和其他许多事物的发明者，也是我国茶叶利用的创始人。神农氏不仅教给百姓们农业知识，还教会了百姓们识别可食用植物和药物的本领。据说有一次，神农氏采摘各种草木的果实尝其效用，结果连续中毒70余次，最后采摘到茶树的叶子食用后才得以解毒。如果说神农氏是我国茶叶利用的鼻祖，那么茶在我国的使用至少已经有五千年的历史。

正如《神农本草》中关于茶叶作用的记载："茶味苦，饮之使人益思、少卧、轻身、明目。"唐代茶的药用范围更加广泛，并开始了对茶的药用研究。唐代苏敬等二十余人编写的我国政府颁行的第一部药典《新修本草》中说："茗，苦荼；茗味甘、苦、微寒、无毒。主茎疮，利小便，去痰。热喝，令人少睡。苦荼，主下气，消宿食。"其中的"茗""苦荼"即为茶。唐代医学家陈藏器在《本草拾遗》中称："诸药为各病之药，茶为万病之药。"明代顾元庆在《茶谱》中更是将茶的药用功能叙述得异常清楚："人饮真茶能止渴、消食、除痰、少睡、利尿、明目宜思、除烦去腻，固不可一日无茶。"名医李时珍更是从医药专家的角度将茶的品性、药用价值娓娓道来：茶味较苦，品性趋寒，因而最宜于用来降火，如果喝温茶那心中的火气就会被茶汤减去，如果喝热茶那火气就会随着茶汤而挥发。并且茶汤还有解酒的功能，能使人神清气爽不再贪睡。

茶的药用功效对于我国少数民族而言更为显著。我国很多少数民族，如藏族、蒙古族、维吾尔族等都生活在高寒地带，日常饮食以牛羊等肉类和奶制品为主，不易消化，因此茶叶的促进消化功能格外重要。所以在我国少数民族地区，自古就有"宁可三日无食，不可一日无茶"的说法。

现代科学研究已证实茶叶对人体的药理功能，主要是因为茶叶中含有多种化学成分，目前已知的化学成分就有五百多种，虽然这些化学成分大部分含量很少，属于微量元素，但是对多种疾病都有预防和治疗作用。例如，绿茶的降胆固醇作用相当于或优于常用的降脂药，绿茶可以使胆固醇水平降低约25%。日本和我国台湾等地近年来的研究也发现长期饮用乌龙茶具有较好的减肥作用。此外，根据茶叶的药理作用与各种药材配制而成的药茶也广泛流行于我国台湾、闽南、粤东等地区。

(二) 食用

食用即将茶叶作为食物充饥，或是作为制作菜肴的原料。在原始农业早期，人们的主要食物来源是渔猎和采集，食物原料主要有树叶、鱼虾、野草等。茶的食用应该就是从那时开始的。人们最初是将茶作为蔬菜来食用，后来人们发现茶叶具有解渴、提神和治疗某些疾病的作用，于是将茶叶单独煮成菜羹，以后又将其熬成茶水作为饮料。《桐君录》等古籍中，有茶与桂姜及一些香料同煮食用的记载；《广雅》中，则有用葱、姜、橘子等佐料与茶叶一起烹煮的记载。这些都说明用茶的目的，一是增加营养；二是作为食物解毒。《晏子春秋》记载："晏子福景公，食脱粟之饭，炙三弋、五卵、茗菜而已。"晏子就是将茶叶作为下饭的菜来食用。将茶叶与其他佐料混在一起煮熟后食用的方法一直延续到唐朝，唐人在此基础上又有所改进。

如今，我国的一些地方仍然将茶作为一种食材，茶的食用方法也被延续下来。例如，我国湖南、江西、福建、广东、浙江、江苏等地都有吃擂茶的风俗。擂茶又名"三生汤"，是用生米、生姜、生茶叶为原料，擂碎后冲入清凉的山泉水调匀为浆，再经烧煮而成。

(三) 饮用

饮用即将茶作为饮料，或用于解渴，或用于提神。我国饮茶历史经历了漫长的发展和多样的变化，在不同的历史阶段，饮茶的方法和特点不尽相同。根据饮茶方法的演变，大致可以分为唐代的烹茶法、宋代的点茶法、明清的瀹饮法和现代的速溶茶、萃取茶、茶饮料等多种多样的饮茶方式。

(四) 深加工综合利用

到了近代，随着生产力的进步和人们对饮茶要求的不断提高，茶叶突破其传统的用途，其深加工的产品涵盖食品(如茶瓜子、茶蜜饯、茶糕点、茶冰激凌等)、饮料(冰茶、茶酒、茶果汁、茶饮料、罐装茶水等)、医药用品(保健茶、减肥茶、茶药枕等)、日用产品(茶浴包、茶皂、茶牙膏等)等领域。

二、中国茶区的分布

我国的茶区分布在东起东经122°的台湾东岸的花莲县，西至东经94°的西藏自治区的米林，南起北纬18°的海南省的榆林，北至北纬37°的山东省的荣成的广阔范围内，包括浙江、湖南、湖北、安徽、四川、福建、云南、广东、广西、贵州、江西、江苏、陕西、河南、台湾、山东、西藏、甘肃、海南等20多个省区的上千个县市。从垂直分布的角度看，茶树最高种植在海拔2 600米的高山上，最低仅距海平面几十米或百米。不同地区生长着不同类型和不同品种的茶树，从而决定了茶叶的品质和茶叶的适应性、适制性，形成各类茶种的分布。

世界上有茶园的国家虽然不少，但是中国、印度、斯里兰卡、印尼、肯尼亚、土耳其等国家的茶园面积之和就占了世界茶园总面积的80%以上。世界上每年的茶叶产量大约有300万吨，其中80%左右产于亚洲。中国的茶园面积有一百余万公顷，茶区分布较广，每一个茶区受土质、气候与人为因素的影响，生产出的茶叶无论是在外观、香气还是在口感方面，都有细微的差别，因而造就了中国茶叶的多样风貌与五花八门的名称。我国有20余个省、市、自治区，近千个县(市)都产茶，茶学界根据我国产茶区的自然、经济、社会条件，把全国划分为四大茶区。

(一) 华南茶区

华南茶区位于我国南部，包括广东省、广西壮族自治区、福建省、台湾省、海南省等，是我国最适宜茶树种植的地区。这里年平均气温为19℃～22℃(少数地区除外)，年降水量在2 000mm左右，为我国茶区之最。华南茶区资源丰富，土壤肥沃，有机物质含量很高，土壤大多为赤红壤，部分为黄壤。茶树品种资源也非常丰富，集中了乔木、小乔木和灌木等类型的茶树品种，部分地区的茶树无休眠期，全年都可以长成正常的芽叶，在良好的管理条件下可常年采茶，一般地区一年可采7～8轮。适宜制作红茶、花茶、普洱茶、黑茶、乌龙茶等。普洱茶、六堡茶、铁观音、英德红茶、台湾乌龙等名茶即产于这一地区。

(二) 西南茶区

西南茶区位于我国西南部，包括云南省、贵州省、四川省、西藏自治区东南部，是我国最古老的茶区，也是我国茶树原产地的中心所在。这里地形复杂，海拔高低悬殊，大部分地区为盆地、高原。气候温差很大，大部分地区属于亚热带季风气候，冬暖夏凉。土壤类型较多，云南中北地区多为赤红壤、山地红壤和棕壤；四川、贵州以及西藏东南地区则以黄壤为主。本茶区所产茶类较多，主要有绿茶、红茶、黑茶和花茶等。都匀毛尖、蒙顶甘露等名茶即产于本茶区。

(三) 江南茶区

江南茶区是我国茶叶的主要产区，位于长江中下游南部，包括浙江、湖南、江西等省和安徽、江苏、湖北三省的南部等地，茶叶年产量约占我国茶叶总产量的2/3。这里气候四季分明，年平均气温为15℃～18℃，年降水量约为1 600mm。茶园主要分布在丘陵地带，少数分布在海拔较高的山区。茶区土壤主要为红壤、部分为黄壤。茶区种植的茶树多为灌木型中叶种和小叶种，以及小部分小乔木型中叶种和大叶种，是西湖龙井、洞庭碧螺春、武夷大红袍、武夷肉桂、闽北水仙、黄山毛峰、君山银针、安化松针、古丈毛尖、太平猴魁、安吉白茶、白毫银针、六安瓜片、祁门红茶、正山小种、庐山云雾等名茶的原产地。

(四) 江北茶区

江北茶区位于长江中下游北部，包括河南、陕西、甘肃、山东等省和安徽、江苏、湖南三省的北部。江北茶区在位置上是我国最北的茶区，气温较低，积温少，年平均气温为15℃～16℃，年降水量约800mm，且分布不均，茶树较易受旱。该茶区土壤多为黄棕壤或棕壤。江北地区的茶树多为灌木型中叶种和小叶种，主要以生产绿茶为主，是信阳毛尖、午子仙毫、恩施玉露等名茶的原产地。

学习任务二　认识茶叶

一、茶叶分类方法

我国是一个茶叶品种繁多的国家，茶类之丰富，茶名之繁多，在世界上是独一无二的。茶叶界有句行话“茶叶学到老，茶名记不了”，便是指这琳琅满目的茶叶品名即使是从事茶叶工作一辈子的人也不见得能够全部记清楚。市场上关于茶类的划分有多种方法，我们将其归纳为以下6种。

(一) 依据茶叶的发酵程度分类

1. 全发酵茶

全发酵茶的代表性茶种为红茶，制造时将鲜茶叶直接放在温室槽架上进行氧化，不经过杀青过程，直接揉捻、发酵、干燥。经过制作，茶叶中有苦涩味的儿茶素已被氧化90%左右，使红茶的滋味柔润而适口，极易配成加味茶，广受欧美人士欢迎。

2. 半发酵茶

半发酵茶的生产方法最繁复、最细腻，生产出来的茶叶也是最高级的茶叶。半发酵茶依其原料及发酵程度的不同，而有许多变化。半发酵茶在杀青之前，加入萎凋过程，使其发酵，待发酵至一定程度后再行杀青，而后经干燥、焙火等工艺过程才能完成。

3. 不发酵茶

不发酵茶就是通常人们所说的绿茶。此类茶叶的生产，以保持大自然绿叶的鲜味为原则，自然、清香、鲜醇而不带苦涩味。不发酵茶的生产工艺比较简单，品质也较易控制，其生产过程大致分三个阶段：杀青、揉捻和干燥。

(二) 依据产茶的季节分类

1. 春茶

春茶又名头帮茶或头水茶，指清明至夏至(3月上旬至5月中旬)期间所采摘的茶叶。茶叶质嫩，品质极佳。

2. 夏茶

夏茶又称二帮茶或二水茶，是在夏至前后(5月中下旬)采制的茶叶。

3. 秋茶

秋茶又称三水茶或三番茶，是在夏茶采后1个月所采制的茶叶。

4. 冬茶

冬茶又称四番茶，即秋分以后采制的茶叶。我国东南茶区极少采制，仅在云南和台湾等少数气候较为温暖的茶区尚有采制。

(三) 依据茶叶的形状分类

依据茶叶的形状，可分为散茶、条茶、碎茶、圆茶、正茶、副茶、砖茶、束茶等。

(四) 依据茶叶的制造程度分类

1. 毛茶

毛茶又称粗制茶或初制茶。各种茶叶经初制后的成品因其外形比较粗放，故统称为毛茶。

2. 精茶

精茶又称精制茶、再制茶或成品茶。毛茶再经筛分、拣剔，使其成为外形整齐划一、品质稳定的成品。

(五) 依据茶树品种分类

依据茶树品种，可分为小叶种茶和大叶种茶。

(六) 依据茶叶的生产工艺分类

依据茶叶的生产工艺，可分为基本茶类和再加工茶类两种。

1. 基本茶类

基本茶类一般都以茶的鲜叶为原料，经过不同的工艺加工制作而成。习惯上按干茶或茶汤的色泽不同，将基本茶类划分为绿茶、红茶、乌龙茶、黄茶、白茶和黑茶6种类型。

(1) 绿茶。用茶树新梢的芽、叶、嫩茎，经过杀青、揉捻、干燥等工艺制成的初制茶(或称毛茶)，以及经过整形、归类等工艺制成的精制茶(或称成品茶)，保持绿色特征，可供饮用，均称为绿茶。绿茶属于不发酵茶类(发酵度为0)，是我国产区最广、产量最多、品质最佳的一类茶叶，目前年产40吨左右，全国2万多个产茶省(区)都生产绿茶，其产量占我国茶叶总产量的70%左右。绿茶也是我国最主要的出口茶类，在世界绿茶总贸易量中，我国出口的占80%左右。它的特点是“不发酵、外形绿、汤水绿、叶底绿”。绿茶是我国分布最广、品种最多、消费量最大的茶类。绿茶又可细分为4类：炒青绿茶、烘青绿茶、晒青绿茶和蒸青绿茶。

(2) 红茶。通过萎凋、揉捻、充分发酵、干燥等基本工艺程序生产的茶叶称为红茶。红茶属于全发酵茶类(发酵度为100%)，其品质特点是“外形红、汤水红、叶底红”。干茶色泽黑褐油润，略带乌黑，所以英语称红茶为“Black Tea”。红茶收敛性很强，性情温和，具有很好的兼容性，能和牛奶、果汁、糖、柠檬、蜂蜜等物质相互交融、相得益彰，深受欧美人的喜爱。红茶是世界上消费量最大的茶类，国际市场上红茶的贸易量占世界茶叶总贸易量的90%以上。红茶按照生产工艺可以分为小种红茶、功夫红茶和红碎茶3类。

(3) 乌龙茶。乌龙茶又名青茶，属于半发酵茶(发酵度为10%～70%)，是介于不发酵的绿茶和全发酵的红茶之间的一大茶类。主要产区为福建、广东、台湾三省。乌龙茶既有绿茶的清香，又有红茶的浓醇，并具有“绿叶红镶边”的美称。根据产地不同，可将乌龙茶分为以下4类：闽北乌龙、闽南乌龙、广东乌龙、台湾乌龙。

(4) 黄茶。黄茶属于轻微发酵茶(发酵度为10%)，黄茶的制作与绿茶有很多相似之处，不同点是多了一道闷堆工序。这个闷堆过程是黄茶制作的主要特点，也是它和绿茶的根本区别。成品黄茶多数芽叶细嫩，色泽金黄，汤色橙黄，香气清高，叶底嫩黄，具有“黄叶、黄汤”的特点。黄茶的品种不同，闷茶的方法也不尽相同，一般分为湿坯闷黄和干坯闷黄两种。湿坯闷黄就是将杀青后的茶叶或经过揉捻后的茶叶进行堆闷；干坯闷黄则是初烘后再进行装篮堆积闷黄，大约需要7天才能达到要求。黄茶按照茶叶的嫩度和芽叶的大小可以分为黄芽茶、黄小茶和黄大茶3类。

(5) 白茶。白茶属于轻微发酵茶(发酵度为10%)，是我国茶类中的精品。它的成品茶多为条状的白色茶叶，满身披毫，如银似雪，因此而得名。白茶是我国的特产，主产于福建省的福鼎、政和、建阳等县。产于福鼎的银针汤色呈淡杏黄色、味道清新甘爽，被称为北路银针；产于政和的银针汤味醇厚，香气清芬，被称为西路银针。白茶分为白芽茶和白叶茶两类。采用单芽加工而成的芽茶称为银针；采用完整的一芽一叶加工而成的叶茶，称为白牡丹。

(6) 黑茶。黑茶属于后发酵茶类，是通过杀青、揉捻、渥堆发酵、干燥等工艺程序生产的茶。因其渥堆发酵时间较长，成品色泽呈油黑色或黑褐色，故名黑茶。主要销往我国边疆少数民族地区及出口到俄罗斯等国家，因此习惯上把以黑茶为原料制成的紧压茶称为边销茶。黑茶按照产地的不同可以分为4类：湖南黑茶、湖北老青茶、四川边茶、广西黑茶。黑茶按照加工方法和形状的不同，还可以分为散装黑茶和压制黑茶。

2. 再加工茶类

以基本茶类为原料经过进一步的加工，在加工过程中茶叶的某些品质特征(包括形态、饮用方式、饮用功效等)发生了根本性的变化的茶叶统称为再加工茶类。

(1) 花茶。根据生产工艺的不同，可以分为窨制花茶、工艺造型花茶和花草茶。

① 窨制花茶。窨制花茶是中国最传统的花茶，又名香片。将茶叶和香花拼和窨制，利用茶叶的吸附性，使茶叶吸收花香而成。窨制花茶时，将茶坯及正在吐香的鲜花一层层地堆放，使茶叶吸收花香；待鲜花的香气被吸尽后，再换新的鲜花按上法窨制。花茶香气

的高低，取决于所用鲜花的数量和窨制的次数。窨制次数越多，香气越高。

② 工艺造型花茶。工艺花茶是近年来新发展起来的一类花茶，工艺花茶集观赏、饮用、保健为一体，不但外形美观，而且冲泡后，茶叶吸水膨胀，如同鲜花怒放，绚丽多彩，令人赏心悦目。

③ 花草茶。花草茶主要是用植物的根、茎、叶、花、皮等部位，单独或综合干燥后，加以煎煮或冲泡制成的饮料。一经冲泡，杯中的茶叶与花草相互辉映，花形娇美、花色艳丽，闻起来香气怡人，沁人心脾，味道甘爽清醇、回味无穷，不但极具观赏性而且具有一定的营养保健功能。

(2) 紧压茶。紧压茶以红茶、绿茶、青茶、黑茶为原料，经加工、蒸压成型。我国目前生产的紧压茶，主要有沱茶、普洱方茶、竹筒茶、米砖、花砖、黑砖、茯砖、青砖、康砖、金尖砖、方包砖、六堡茶、湘尖、紧茶、圆茶和饼茶等。

(3) 萃取茶。萃取茶以成品茶或半成品茶为原料，用热水萃取茶叶中的可溶物，再过滤去除茶渣而成。获得的茶汁，可以按需要制成固态或液态。萃取茶主要有罐装茶饮料、浓缩茶和速溶茶等。

(4) 药用保健茶。药用保健茶是指将茶叶和某些中草药拼合调配后制成的各种保健茶饮。由于茶叶本来就具有营养保健的作用，再经过与一些中草药的调配，更是增强了它某些防病治病的功效。

二、茶叶深加工产品

随着科学技术的不断进步以及人们对茶叶综合利用价值的认识的不断深入，茶叶产品被不断地开发扩展。目前，茶叶的深加工产品主要有以下4类。

(一) 茶饮料

含茶饮料是利用现代高科技开发出来的新型饮品，在饮料中添加各种茶汁，就成为别具特色的茶饮料。例如，瓶装茶饮料、茶汽水、茶可乐、茶鸡尾酒、罐装茶水等。

(二) 茶食品

常见的茶食品有茶瓜子、茶糕点、茶蜜饯、茶糖果、茶果冻、茶汤圆、茶面条等。

(三) 茶日用品

常见的茶日用品有含茶牙膏、茶香皂、茶浴包、茶洗发液、茶药枕和茶叶除臭剂等。

(四) 茶药品

目前，市场上的茶药品种类繁多，功效也不尽相同，主要有茶多酚和抗氧化剂等。

学习任务三　茶叶名品及主要产地

一、名品绿茶

(一) 西湖龙井

西湖龙井产于浙江杭州西湖区。历史上因产地和炒制技术的不同，分为“狮(峰)”“龙(井)”“云(栖)”“虎(跑)”“梅(坞)”5个品类，新中国成立后归并为“狮”“龙”“梅”3个品类，目前统称为“西湖龙井”。在西湖龙井产区之外所产的龙井，统称为“浙江龙井”，品质不及西湖龙井。西湖龙井具有“色绿、香郁、味醇、形美”四绝之美誉，它的品质特点：形状扁平挺秀，光滑齐匀，色泽绿中显黄。冲泡后，汤色明亮，味甘鲜美，叶底均匀。

(二) 洞庭碧螺春

洞庭碧螺春产于江苏吴中区太湖的洞庭山，以碧螺峰所出产的品质为最好。“碧螺春”原名为“吓煞人香”，相传清康熙三十八年(公元1699年)四月，康熙巡视浙江回京，途经苏州太湖，当地官员以“吓煞人香”进献，受到康熙帝的称赞，并赐名为“碧螺春”。它的品质特点：外形条索纤细，卷曲如螺，茸毫披露，银绿隐翠。冲泡后，清香幽雅，滋味甘醇鲜爽，汤色清澈明亮，叶底明绿均匀。

(三) 庐山云雾

庐山云雾产于江西庐山。据载，庐山云雾始于东汉，为当时梵宫寺院僧侣栽植，名曰“云雾茶”。宋代时成为皇室贡茶。其中，以产于庐山五老峰与汉阳峰之间的品质为最好。它的品质特点：外形条索壮实，色泽绿翠多毫。冲泡后，香气鲜爽持久，滋味醇厚回甘，汤色清澈明亮，叶底嫩绿匀齐。

(四) 信阳毛尖

信阳毛尖产于河南信阳和罗山，以香清、味醇、汤明、叶嫩，享誉我国华北、中南地区。主产地为“五山两潭”，即车云山、振雷山、云雾山、天山、脊云山，黑龙潭和白龙潭。其中，以产自信阳车云山的品质为最佳。它的品质特点：条形细紧圆直，色绿光润，白毫显露，且有锋苗。冲泡后，香气高爽持久，滋味浓厚回甘，汤色绿翠，叶底绿亮。

(五) 都匀毛尖

都匀毛尖产于贵州都匀，主要产自团山、黄山、哨脚、大槽等地，产茶历史悠久，相传明代时，都匀毛尖已经被列为贡品。它的品质特点：条索纤细，披白毫，香清高，色黄绿。冲泡后，香气清鲜，滋味鲜浓，汤色清澈，叶底匀绿泛黄。所以，都匀毛尖的品质风格有“三绿透三黄”之说，即干茶绿中带黄，汤色绿中透黄，叶底绿中显黄。

(六) 黄山毛峰

黄山毛峰产于安徽歙县黄山，以香高、味醇、芽叶细嫩多毫为特色。它的品质特点：外形细嫩稍卷曲，有锋毫，形似雀舌，奶叶(鱼叶)呈金黄色，色泽嫩绿油润，俗称“象牙色”。冲泡后，香气清鲜高长，汤色杏黄清澈，滋味醇厚回甘，叶底厚实成朵。

(七) 太平猴魁

太平猴魁产于安徽太平的猴坑一带。它的品质特点：外形挺直壮实，叶裹顶芽，有“两叶夹一芽”之称。色泽苍绿匀润，茸毫披露。冲泡后，香气浓高持久，有兰花香。滋味浓厚鲜醇，汤色绿翠明亮，叶底肥壮嫩匀。

(八) 六安瓜片

六安瓜片产于安徽六安、金寨和霍山三县之毗邻山区，以齐云山蝙蝠洞一带所出产的茶叶为最好，分为内山瓜片和外山瓜片两个产区。产量以六安为最多，品质以金寨为最优。它的品质特点：外形似瓜子单片自然平展，叶缘微翘，色泽宝绿，大小匀整，不含芽尖、梗茎。冲泡后，清香高爽，滋味鲜醇，汤色碧绿，叶底厚实。

二、名品红茶

(一) 小种红茶

小种红茶产于我国福建省。小种红茶在加工过程中采用松柴明火加温，进行萎凋和干燥，所以制成的茶叶具有浓烈的松烟香。因产地和品质的不同，小种红茶又有正山小种和外山小种之分。

1. 正山小种

品质特点：条索肥壮、重实，色泽乌润有光。冲泡后，香气高长带松烟香，滋味醇厚带桂圆味，汤色红浓，叶底厚实，呈古铜色。

2. 外山小种

品质特点：条索近似正山小种，身骨稍轻而短，色泽红褐带润。冲泡后，带有松烟香，滋味醇和，汤色稍浅，叶底带古铜色。

(二) 工夫红茶

工夫红茶是我国传统的茶品。它因初制时特别注重条索的完整紧结，精制时需费工夫而得名。工夫红茶的品质特点：条索细紧，色泽乌润。冲泡后，汤色、叶底红亮，香气馥郁，滋味甜醇。因采制地区不同、制作技术不一，又有祁红、滇红、宁红、川红、宜红、闽红、湖红、越红之分。

1. 祁红

祁红主产于安徽省祁门县，是我国传统工夫红茶中的珍品，有100多年的生产历史，在国内外享有盛誉。祁红的品质特点：条索紧秀、稍弯曲，有锋苗，色泽乌黑泛灰光，俗称“宝光”。冲泡后，香气浓郁高长，有蜜糖香，滋味醇厚，回味隽永，汤色红艳、明亮，叶底鲜红嫩软。

2. 滇红

滇红产于云南凤庆、临沧、双江等地，属于大叶种工夫红茶。它以外形肥硕紧实、金毫显露、香高味浓而著称。滇红的品质特点：条索肥壮、紧结，重实匀整，色泽乌润带红褐，茸毫特多。冲泡后，香郁味浓。

3. 宁红

宁红产于江西修水、武宁、铜鼓等地，又称宁红工夫，是我国最早的工夫茶之一，始于清代道光年间。宁红的品质特点：条索紧结、圆直、有毫，略显红筋，汤色乌润带红。冲泡后，香气清高持久似祁红，滋味醇厚甜和，汤色红亮稍浅，叶底红匀开展。

4. 川红

川红产于四川宜宾等地，又称川红工夫。创制于20世纪50年代，是我国高品质的工夫红茶，以色、香、味、形俱佳而畅销国际市场。它的品质特点：条索肥壮、圆紧、显毫，色泽乌黑油润。冲泡后，香气清鲜带果香，滋味醇厚爽口，汤色浓亮，叶底红明匀整。

5. 宜红

宜红产于湖北、宜昌等地。宜红的品质特点：条索紧细、有毫，色泽乌润。冲泡后，香气纯甜高长，滋味鲜爽，汤色、叶底红亮。

6. 闽红

闽红又称闽红工夫，产于福建。由于茶叶产地、茶树品种和品质特点不同，闽红工夫又可分为白琳工夫、坦洋工夫和政和工夫。

7. 湖红

湖红产于湖南安化、桃源、涟源、平阳、邵阳、长沙、浏阳等地。湖红的品质特点：条索紧结、肥实，锋苗好，色泽红褐带润。冲泡后，香气高，滋味醇，汤色浓，叶底红。

8. 越红

越红产于浙江绍兴等地，又称越红工夫。以条索紧结、重实匀齐、有锋苗、净度高的优美外形而著称。越红的品质特点：条索紧细、挺直，色泽乌润。冲泡后，香气纯正，滋味浓醇，汤色红亮，叶底稍暗。

(三) 红碎茶

红碎茶是在红茶加工过程中，将条形茶切成短细的碎茶而成，故得名红碎茶。红碎茶要求茶汤味浓、强、鲜、香，富有刺激性。传统红碎茶的品质特点：颗粒紧结、重实，色泽乌黑油润。冲泡后，香气、滋味浓度好，汤色红浓，叶底红亮。

三、名品乌龙茶

(一) 大红袍

大红袍产于天心岩九龙窠的高岩峭壁上。大红袍的品质很有特色，冲泡7～8次，尚不失原茶真味和桂花香。

(二) 铁罗汉

铁罗汉是武夷山最早的名枞，茶树生长在慧苑岩的鬼洞。此树生长茂盛，叶大而长，叶色细嫩有光。

(三) 白鸡冠

白鸡冠茶树原生长在武夷山慧苑岩的外鬼洞，相传明代时，白鸡冠茶曾“赐银百两，粟四十石，每年封制以进，遂充贡茶”，直至清代止。

(四) 武夷肉桂

武夷肉桂的品质特点：条索紧结、卷曲、匀整，色泽褐绿油润，叶背有青蛙皮状小白点。冲泡后，肉桂香明显，佳者带乳香，滋味醇厚回甘，咽喉齿颊留香，汤色橙黄清澈。叶底红亮，呈绿叶红镶边。

(五) 闽北水仙

闽北水仙始于清代道光年间，品质独具一格。条索紧结重实，叶端扭曲，色泽暗绿油润，呈蜻蜓头、青蛙腿状。冲泡后，香气浓郁，滋味醇厚回甘，汤色橙黄清澈，叶底黄亮厚软，绿叶红边。

(六) 安溪铁观音

安溪铁观音原产于福建安溪，当地茶树良种很多，其中以铁观音茶树制成的铁观音茶品质为最优。它的品质特点：条索卷曲、壮结、重实，呈青蒂绿腹蜻蜓头状，色泽鲜润，显砂绿，红点明，叶表起白霜。冲泡后，香气馥郁持久，有“七泡有余香”之誉，滋味醇厚甘鲜，有蜜味，汤色金黄，浓艳清澈，叶底肥厚明亮，有光泽。

(七) 黄金桂

黄金桂产于福建安溪，由黄旦品种茶树嫩梢制成，又因其有奇香似桂花，加之汤色金黄，故称为黄金桂。它的品质特点：条索紧细，色泽金黄油润。冲泡后，有桂花香，滋味甘鲜，汤色金黄明亮，叶底中央黄绿，边缘朱红，柔软明亮。

(八) 凤凰水仙

凤凰水仙产于广东潮州，由于选用原料和制作工艺的不同，按品质优劣，依次可分为单枞级、浪菜级和水仙级三个品级。凤凰水仙的品质特点：条索挺直、肥大，色泽黄褐，且油润有光。冲泡后，香味持久，有天然花香，滋味醇爽回甘，耐冲泡，汤色橙黄清澈，叶底肥厚柔软，叶边朱红，叶腹黄明。

(九) 台湾乌龙

台湾乌龙主产于我国台湾台北的文山一带，它是乌龙茶中发酵程度最重的一种。台湾乌龙茶的品质特点：条索肥壮，显白毫，条索较短，含红、黄、白三色，鲜艳绚丽。冲泡后，有熟果香，滋味醇厚，汤色橙红，叶底淡褐有红边。

(十) 台湾包种

台湾包种是目前我国台湾乌龙茶中数量最多的一种。按照发酵程度由轻到重，可以分为文山包种、冻顶乌龙和铁观音等几种。它的品质特点：条索卷皱而稍粗长，色泽深绿，有青蛙皮状灰白点。冲泡后，香气芬芳，有兰花清香，滋味圆滑甘润，回甘有力，汤色清澈黄绿，具有“香、浓、醇、韵、美”五大特色。

四、名品白茶

(一) 白毫银针

白毫银针产于福建的福鼎、政和等地，简称银针，又称白毫。它的品质特点：外形挺直如针，芽头肥壮，满身披白毫。由于产地不同，白毫银针的品质有所差异，产于福鼎的，芽头茸毛厚，色白有光泽，汤色呈浅杏黄色，滋味清鲜爽口；产于政和的，滋味醇厚，香气芬芳。

(二) 白牡丹

白牡丹产于福建政和、建阳、松溪、福鼎等县。它因绿叶夹银色白毫芽，形似花朵，冲泡后绿叶托着嫩芽，宛若蓓蕾绽放而得名。它的品质特点：外形不成条索，似枯萎花瓣，色泽灰绿或呈暗青苔色。冲泡后，香气芬芳，滋味鲜醇，汤色杏黄或橙黄，叶底浅灰，叶脉微红，芽叶连枝。

(三) 贡眉

贡眉又称寿眉，主要产于福建的建阳、建瓯、浦城等地。贡眉多由菜茶芽采制而成。它的品质特点：芽心较小，色泽灰绿带黄。冲泡后，香气鲜醇，滋味清甜，汤色黄亮，叶底黄绿，叶脉泛红。

五、名品黄茶

(一) 君山银针

君山银针产于湖南岳阳的洞庭山，洞庭山又称君山，当地产茶形状似针，满披白毫，故称君山银针。它的品质特点：芽头肥壮挺直，满披茸毛，色泽金黄泛光。冲泡后，香气清鲜，滋味甜爽，汤色浅黄，叶底黄亮。

(二) 蒙顶黄芽

蒙顶黄芽产于四川名山县的蒙山。它的品质特点：外形扁直，色泽微黄，芽毫毕露。冲泡后，甜香浓郁，滋味鲜醇回甘，汤色黄亮，叶底嫩黄匀齐。

(三) 霍山黄芽

霍山黄芽产于安徽霍山，清代时成为贡茶。它的品质特点：形似雀舌，芽叶细嫩，色泽黄绿，多毫。冲泡后，香气鲜爽，有熟板栗香。滋味醇厚回甘，汤色黄绿明亮，叶底黄亮嫩匀。

(四) 温州黄汤

温州黄汤产于浙江泰顺、平阳、瑞安、永嘉等县。它的品质特点：条索细紧纤秀，色泽黄绿多毫。冲泡后，香气清新高锐，滋味鲜醇爽口，汤色橙黄明亮，叶底成朵匀齐。

(五) 北港毛尖

北港毛尖产于湖南岳阳一带山地，是历史名茶之一。它的品质特点：外形芽壮叶肥，白毫显露，冲泡后，香气清高，滋味醇厚，汤色金黄，叶底黄明。

(六) 沩山毛尖

沩山毛尖产于湖南宁乡的大沩山，是我国古老的传统名茶。在制茶工艺中，最后采用枫木或香黄藤燃烧熏烟，从而使茶叶具有烟香。它的品质特点：叶缘微卷呈块状，白毫显露，色泽黄亮油润。冲泡后，松烟香浓厚，滋味醇甜爽口，汤色橙黄明亮，叶底黄亮嫩匀。

六、名品黑茶

(一) 湖南黑茶

湖南黑茶原产于湖南安化，现已扩大到桃江、沅江、汉寿、宁乡、益阳、临湘等地。湖南黑茶条索卷折成泥鳅状，色泽油黑，汤色橙黄，叶底黄褐，香味醇厚，具有烟香。以湖南黑茶为原料制成的紧压茶有黑砖茶、茯砖茶和湘尖等。

(二) 四川边茶

四川边茶产于四川，一般来说，雅安、天全、荥经等地所产的边茶专销康藏，称为南路边茶，是压制康砖和金尖的原料。灌县、崇庆、大邑等地所产的边茶，专销四川西北部，称为西路边茶，是压制茯砖和方包茶的原料。

(三) 老青茶

老青茶产于湖北蒲圻、咸宁、通山、崇阳、通城等地，它是压制青砖的原料。老青茶分为“洒面”“二面”“里茶”三个级别。“洒面”色泽乌润，条索紧细，稍带白梗。“二面”色泽乌绿微黄，叶子成条，以红梗为主。“里茶”色泽乌绿带花，叶面卷皱，茶梗以当年新梢为主。

(四) 普洱茶

普洱茶是产于云南思茅、西双版纳、昆明、宜良的条形黑茶。普洱茶汤色红浓明亮，香气独特，叶底褐红，滋味醇厚回甘。普洱散茶条索粗壮、肥大、完整，色泽褐红或带有灰白色。

学习任务四 茶叶的鉴别与贮存

一、茶叶鉴别方法

具体的鉴别方法可以概括为一看、二闻和三品。鉴别时首先通过观察干茶外形的条索、色泽、整碎、净度来判断茶叶的品质高低；然后对干茶进行开汤冲泡，看汤色、嗅香气、品滋味、察叶底，进一步判断茶叶的品质高低。

(一) 干茶鉴别

将干茶放于专用的茶样盘中，评定茶叶的大小、粗细、轻重、长短、碎片等情况。干茶的外形，主要从条索、色泽、整碎和净度4个方面来看。

1. 条索

各类茶应具有一定的外形规格，这是区别商品茶种类和等级的依据。一般来说，条索紧、身骨重、圆(扁形茶除外)而挺直，说明原料嫩、做工好、品质优；如果外形松、扁(扁形茶除外)、碎，并有烟、焦味，说明原料老、做工差、品质低劣。

2. 色泽

色泽反映了茶叶表面的颜色、色泽的深浅程度以及光线在茶叶表面的反射光亮度。好茶均要求色泽一致，光泽明亮，油润鲜活，如果色泽不一、深浅不同、暗而无光，说明原料老嫩不一、做工差、品质劣。

3. 整碎

茶叶的外形和断碎程度应以匀整为好，断碎为次。 一般从优到差分为匀整、较匀整、尚匀整、匀齐、尚匀等不同等级。

4. 净度

对净度的鉴别主要看茶叶中含有杂物的多少，看是否混有茶片、茶梗、茶末、茶籽和制作过程中混入的竹屑、木片、石灰、泥沙等夹杂物。净度好的茶，不含任何杂物。

(二) 开汤鉴别

开汤鉴别是指在专用的审茶杯中将干茶用沸水冲泡后将茶汤倒出，品鉴茶叶内质的汤色、香气、滋味、叶底4个方面。

1. 汤色

汤色是茶叶中的各种色素溶解于沸水而显现的色泽。在鉴别时，要先看汤色或者闻香与观色相结合。汤色鉴别主要看色度、亮度、清浊度三个方面。

2. 香气

香气是指茶叶冲泡后随水蒸气挥发出来的气味。鉴别香气除辨别香型外，主要比较香气的纯异、高低、长短。香气纯异是指香气与茶叶应有的香气是否一致，是否夹杂其他异味；香气的高低可用浓、鲜、清、纯、平、粗来区分；香气的长短也就是香气的持久性，香高持久是好茶。

3. 滋味

滋味是指鉴茶人的口感反应。首先要区别滋味是否纯正。一般纯正的滋味可以分为浓淡、强弱、醇等；不纯正的茶汤滋味包括苦涩、粗青、异味等。好的茶叶泡出来的茶浓而鲜美，刺激性强，或者富有收敛性。

4. 叶底

叶底是冲泡后剩下的茶渣。一般好的茶叶的叶底，嫩芽叶含量多，质地柔软，色泽明亮，均匀一致，叶形较均匀，叶片肥厚。

二、茶叶贮存方法

(一) 影响茶叶品质的因素

1. 温度

温度越高，反应的速度越快，茶叶陈化的速度也就越快。实验结果表明，温度每升高10℃，茶叶色泽褐变的速度就加快3～5倍。如果将茶叶存放在0℃以下的地方，就可以较好地抑制茶叶的陈化和品质的损失。

2. 水分

当茶叶中的水分含量为3%左右时，茶叶的成分与水分子呈单层分子关系，可以较有效地延缓脂质的氧化变质。而当茶叶中的水分含量超过6%时，陈化的速度就会急剧加快。一般应将茶叶中的水分含量控制在5%以内。

3. 氧气

氧气能与茶叶中的很多化学成分相结合，从而使茶叶氧化变质，产生陈味物质，严重破坏茶叶的品质。所以茶叶最好能与氧气隔绝，可使用真空抽气或充氮包装贮存。

4. 光线

光线照射可以加快各种化学反应，对茶叶的贮存产生极为不利的影响。光能促进植物色素或脂质的氧化，紫外线的照射会使茶叶中的一些营养成分发生光化反应，故茶叶应该避光贮藏。

(二) 茶叶的贮藏方法

1. 坛藏法

选用的容器必须干燥无味，结构严密。常见的容器有陶甏瓦坛、无锈铁桶等。另外，茶叶通常不宜混藏，香气迥异的茶叶贮藏在一起，则会因相互影响而失去本来的特色。

2. 罐藏法

采用铁罐、竹盒或木盒等装茶时，最好装满而不留空隙，这样罐里空气较少，有利于贮藏。装有茶叶的铁罐或盒，应放在阴凉处，避免潮湿和阳光直射。

3. 袋藏法

目前，使用塑料袋贮藏茶叶较为常见，这也是家庭贮藏茶叶最简便、最经济的方法之一。用塑料袋包装茶叶，能否起到有效的贮藏作用，关键是要选择好包装材料。

4. 冷藏法

用冰箱冷藏茶叶，可以取得令人满意的效果。但有两点是必须注意的：第一，要防止冰箱中的鱼腥味污染茶叶；第二，茶叶必须是干燥的。

5. 瓶藏法

还可把茶叶装入干燥的保温瓶中，盖紧盖子，用白蜡密封瓶口。

6. 真空法

把茶叶装入复合袋中，用抽气机抽出空气，形成真空环境。使用这种贮藏方法，在常温下贮藏1年以上，仍可保持茶叶原来的色、香、味；在低温下贮藏，效果更好。

学习任务五 茶叶饮用与服务

一杯好茶，除了对茶本身的品质有要求，还要考虑冲泡茶所用水的水质、茶具的选用、茶的用量、冲泡水温及冲泡的时间等因素。

一、茶具

茶具以瓷器最多。瓷器茶具传热不快，保温适中，不会与茶发生化学反应，沏茶能获得较好的色、香、味，而且造型美观、装饰精巧，具有一定的艺术欣赏价值。

玻璃茶具质地透明，晶莹光泽，形态各异，用途广泛。使用玻璃茶具冲泡茶，茶汤的鲜艳色泽，茶叶的细嫩翠软，茶叶在整个冲泡过程中的上下流动，叶片的逐渐舒展等，一览无余，可以说是一种动态的艺术欣赏。

陶器茶具中最好的当属紫砂茶具，它造型雅致、色泽古朴，用来沏茶，香味醇和，汤色澄清，保温性能好，即使在夏天茶汤也不易变质。

茶具种类繁多，各具特色，在冲茶时要根据茶的种类和饮茶习惯来选用。

(一) 茶壶

茶壶是茶具的主体，以不上釉的陶制品为上，瓷和玻璃次之。陶器上有许多肉眼看不见的细小气孔，不但能透气，还能吸收茶香，每回泡茶时，能将平日吸收的精华散发出来，更添香气。新壶常有土腥味，使用前宜先在壶中装满水，放到装有冷水的锅里用文火煮，等锅中水沸腾后将茶叶放到锅中，与壶一起煮半小时即可去味；另一种方法是在壶中泡浓茶，放一两天再倒掉，反复两三次后，用棉布擦干净。

(二) 茶杯

茶杯有两种，一是闻香杯，二是饮用杯。闻香杯较瘦高，是用来品闻茶汤香气的。闻香完毕再倒入饮用杯。饮用杯宜浅不宜深，让饮茶者不需仰头即可将茶饮尽。对茶杯的要求是内部以素瓷为宜，浅色的杯底可以让饮用者清楚地判断茶汤色泽。大多数茶可用瓷壶泡、瓷杯饮；乌龙茶多用紫砂茶具；工夫红茶和红碎茶一般用瓷壶或紫砂壶冲泡，然后倒入杯中饮用。

(三) 茶盘

茶盘用于放茶杯。奉茶时用茶盘端出，可以让客人有被重视的感觉。

(四) 茶托

茶托放置在茶杯底下，每个茶杯配有一个茶托。

(五) 茶船

茶船为装盛茶杯和茶壶的器皿，主要用于烫杯、烫壶，使其保持适当的温度。此外，它也可防止冲水时将水溅到桌上。

(六) 茶巾

茶巾用来吸茶壶与茶杯外的水滴和茶水。另外，将茶壶从茶船上提取倒茶时，先要将壶底在茶巾上蘸一下，以吸干壶底水分，从而避免壶底水滴滴落在客人身上或桌面上。

二、茶叶用量

茶量就是在一杯或一壶茶中投入的茶叶的适当分量。要想泡出一杯(壶)好茶，首先要掌握好茶叶的用量。每次泡茶用多少茶叶并没有统一的标准，主要是根据茶叶的种类、茶具的大小以及饮茶者的习惯而定。

(一) 因茶而定

茶叶的种类不同，茶叶用量也不尽相同。一般冲泡红茶、绿茶和花茶时，茶与水的比例可以掌握在1∶60～1∶50，即每杯约放3g茶叶，注入150～200ml沸水；品普洱茶时，茶与水的比例为1∶40～1∶30，即5～10g茶叶加入150～200ml沸水。在所有茶叶中，投茶量最多的是乌龙茶，茶叶体积约占茶壶容量的2/3。

(二) 因地而异

投茶量的多少与饮茶者的饮用习惯有密切的关系。在我国西北少数民族地区，人们常年以肉食为主，缺少蔬菜，因此，茶叶便成为他们补充维生素的最好途径，茶叶用量较大；在我国华北和东北地区，人们喜欢饮用花茶，通常用比较大的茶壶泡茶，茶叶用量较少；在我国长江中下游地区，人们主要饮用绿茶或龙井茶、碧螺春等名优茶，一般用较小的瓷杯或玻璃杯，每次茶叶用量也不多；我国福建、广东、台湾等省，人们喜欢饮工夫茶，茶具虽小，但茶叶用量较多，每次投茶用量几乎为茶壶容积的1/2，甚至更多。

(三) 因人而择

茶叶用量还与饮茶者的年龄结构和饮茶史有关。一般常年饮茶的中老年者喜欢饮浓茶，茶叶用量较多；初学饮茶的人喜欢饮较淡的茶，茶叶用量较少。泡茶所用的茶水比还因饮茶者的嗜好而异，经常饮茶者喜饮较浓的茶，茶水比可以大些；反之，不经常饮茶的人喜喝较淡的茶，茶水比可以小些。此外，饭后与酒后适饮浓茶，茶水比可以大些；睡前适饮淡茶，茶水比应小些。

三、泡茶用水

(一) 水的标准

泡茶用水要求水质清、水体轻、水味甘、水温洌、水源活，一般选用天然水。天然水按来源可分为泉水、溪水、江水、湖水、井水、雨水、雪水等。在天然水中，泉水比较清澈，杂质少、透明度高、污染少，质洁味甘，用来泡茶最为适宜。

(二) 水的软硬

在选择泡茶用水时，我们必须掌握水的硬度与茶汤品质的关系。当水的pH值大于5时，汤色加深；pH值达到7时，茶黄素就倾向于自动氧化而损失。硬水中含有较多的钙、镁离子和矿物质，茶叶有效成分的溶解度低，故茶味淡。软水有利于茶叶中有效成分的溶解，故茶味浓。泡茶用水应选择软水，这样冲泡出来的茶才会汤色清澈明亮，香气高雅馥郁，滋味纯正。

四、泡茶水温

(一) 水温高低

水温的高低是影响茶叶水溶性物质溶出比例和香气成分挥发的重要因素。水温低，茶叶有效成分不能充分溶出，香气也不能完全散发出来；水温过高，又会造成茶汤色泽变黄，茶香也会变得低浊。一般而言，泡茶的水温与茶叶中的有效物质在水中的溶解度成正比，水温越高，溶解度越大，茶汤越浓；水温越低，溶解度越小，茶汤也就越淡。

泡茶的水温因茶而异，高级绿茶，特别是细嫩的名茶，茶叶愈嫩、愈绿，冲泡水温愈低，一般以80℃左右为宜。这时泡出的茶嫩绿、明亮、滋味鲜美。泡饮各种花茶、红茶和普通的绿茶，则要用95℃的水冲泡。如水温低，则渗透性差，茶味淡薄。泡饮乌龙茶，每次用茶量较多，而且茶叶粗老，必须用100℃的沸水冲泡。有时为了保持及提高水温，还要在冲泡前用开水烫热茶具，冲泡后还要在壶外淋热水。

(二) 水的老嫩

唐代陆羽在《茶经》中早有叙述：“其沸，如鱼目，微有声，为一沸；边缘为涌泉连珠，为二沸；腾波鼓浪为三沸；以上水老，不可食也。”这说明泡茶烧水要大火急沸，不要文火慢煮，以刚煮沸起泡为宜，用这样的水泡茶，茶汤香味绝佳。水如果沸腾过久，此时溶于水的二氧化碳和氧气损失殆尽，用此水泡茶，茶汤缺少鲜爽的味道。而未沸腾的水，由于水温低，茶中的有效成分不易泡出，使得茶汤香味低淡，而且茶叶漂浮在茶汤的表面，饮用起来也不方便，故不宜用来泡茶。

五、冲泡时间和次数

在饮用红茶、绿茶时，将茶叶放入杯中后，先倒入少量开水，以浸没茶叶为度，加盖3分钟左右，再加开水到七八成满，便可趁热饮用。当喝到杯中尚余1/3左右茶汤时，再加开水，这样可使前后茶的浓度比较均匀。

一般茶叶泡第一次时，其可溶性物质能浸出50%～55%；泡第二次，能浸出30%左右；泡第三次，能浸出10%左右；泡第四次，就所剩无几了，所以通常以冲泡三次为宜。乌龙茶宜用小型紫砂壶。在用茶量较多的情况下，第一泡1分钟就要倒出，第二泡1分15秒，第三泡1分40秒，第四泡2分15秒。这样前后茶汤浓度才会比较均匀。

另外，泡茶水温的高低和用茶叶数量的多少，直接影响泡茶时间的长短。水温低、茶叶少，冲泡时间宜长；水温高、茶叶多，冲泡时间宜短。

六、冲泡程序

泡茶的程序和礼仪是茶艺形式很重要的一部分，也称“行茶法”。行茶法分为三个阶段，即准备、操作、结束阶段。

在准备阶段，要求在客人来临前完成所有准备工作；操作阶段是指整个泡茶过程；在结束阶段要完成操作后的整理工作。

不同的茶类有不同的冲泡方法和程序。在众多的茶叶品种中，每种茶的特点不同，或重香，或重味，或重形，或重色，或兼而有之，这就要求泡茶有不同的侧重点，并采取相应的方法，以发挥茶叶本身的特点。但不论泡茶技艺如何变化，泡茶程序是相同的。

(一) 清具

用热水冲淋茶壶，包括壶嘴、壶盖，同时烫淋茶杯。随即将茶壶、茶杯沥干，其目的是提高茶具温度，使茶叶冲泡后温度相对稳定，不使温度过快下降。这对较粗老茶叶的冲泡尤为重要。

(二) 置茶

按茶壶或茶杯的大小，将一定数量的茶叶放入壶(杯)中。如果用盖碗泡茶，那么，泡好后可直接饮用。

(三) 冲泡

置茶入壶(杯)后，按照茶与水的比例，将开水冲入壶中。冲水时，除乌龙茶冲水须溢出壶口、壶嘴外，通常以冲水八分满为宜。冲水在民间常用“凤凰三点头”之法，即将水壶下倾上提三次，其意一是表示主人向宾客点头，欢迎致意；二是可使茶叶和茶水上下翻动，使茶汤浓度一致。

(四) 奉茶

奉茶时要面带笑容，最好用茶盘托着送给客人。如果直接用茶杯奉茶，应放置客人处，手指并拢伸出，以示敬意。从客人侧面奉茶时，若从左侧奉茶，则用左手端杯，右手作请用茶姿势；若从右侧奉茶，则用右手端杯，左手作请用茶姿势。这时，客人可用右手除拇指外其余四指并拢弯曲，轻轻敲打桌面，或微微点头，以表谢意。

七、品茶

(一) 绿茶的品饮

冲泡前，首先，欣赏干茶的色、香、形。名优绿茶的造型，因品种而异，或呈条状，或扁平，或呈螺旋形，或呈针状；其色泽，或碧绿，或深绿，或黄绿，或白里透绿等；其香气，或奶油香，或板栗香，或清香等。冲泡时，倘若采用透明玻璃杯，则可观察茶在水中的缓慢舒展，游弋沉浮，这种富于变幻的动态，称之为“茶舞”。冲泡后，则可端杯闻香，此时，茶汤表面上升的雾气夹杂着缕缕茶香，使人心旷神怡。其次，观察茶汤的颜色，或黄绿碧清，或淡绿微黄，或乳白微绿，隔杯对着阳光透视茶汤，还可见到有细微茸毛在水中游弋。再次，端杯小口品啜，尝茶汤滋味，缓慢吞咽，让茶汤与舌头味蕾充分接触，则可领略到名优绿茶的风味。若舌和鼻并用，还可从茶汤中品出嫩茶香气。品尝头开茶，重在品尝名优绿茶的鲜味和茶香；品尝二开茶，重在品尝名优绿茶的回味和甘醇；至于三开茶，一般茶味已淡，便无太多要求。

(二) 红茶的品饮

红茶的迷人之处，不但在于色泽黑褐油润，香气浓郁带甜，滋味浓厚，汤色红艳透黄，叶底嫩匀红亮，而且在于红茶性情温和，能和多种调味品相互融合。因此，红茶的饮用，既可清饮，也可调饮。

1. 红茶的清饮

清饮红茶时，重在领略它的香气和滋味。端杯开饮前，要先闻其香，再观其色，然后才是尝味。圆熟清高的香气，红艳油润的汤色，浓强鲜爽的滋味，让人有美不胜收之感。

2. 红茶的调饮

调饮红茶时，可在茶汤中加入多种调料，茶汤依然十分顺口。尤其是一些名优红茶，香气和滋味是不会轻易被混淆的。因此，品饮调味红茶时，应先闻其香，至于对香味的要求，需看加哪些调料，不能一概而论。

(三) 乌龙茶的品饮

品饮乌龙茶时，用右手的拇指和食指捏住品杯口沿，中指托住茶杯底部，雅称“三龙护鼎”，手心朝内，手背向外，缓缓提起茶杯，先观汤色，再闻其香，后品其味，一般是三口见底。

品乌龙茶强调热饮，用小壶高温冲泡。每壶泡好的茶汤，刚好够在场的茶友一人一杯，要继续品饮，则即冲泡即品饮。品饮乌龙茶因杯小、香浓、汤热，故饮后杯中仍有余香。

品饮台湾乌龙时略有不同，首先将泡好的茶汤倒入闻香杯，品饮时要先将闻香杯中的茶汤旋转倒入品杯，嗅闻茶杯中的热香，再以“三龙护鼎”的方式端品茗杯观色，接着即可小口啜饮，三口饮毕。再持闻香杯寻杯底冷香，留香越久，表明这种乌龙茶的品质越佳。

品饮乌龙茶时，很讲究舌品，通常是啜入一口茶水后，用口吸气，让茶汤在舌的两端来回滚动而发出声音，让舌的各个部位充分感受茶汤滋味，而后徐徐咽下，慢慢体味颊齿留香的感觉。

(四) 白茶的品饮

白茶的品饮方法较为独特，这是因为白茶在加工时未经揉捻，茶汁不易浸出，所以冲泡时间较长。开始时，芽叶都浮在水面上。经过五六分钟后，才有部分茶芽沉落杯底。此时，茶芽条条挺立，上下交错，犹如雨后春笋，甚是好看。大约10分钟后，茶汤呈橙黄色，此时，方可端杯边观赏、边闻香、边品尝。

(五) 黄茶的品饮

黄茶中君山银针的品饮方法最具代表性。君山银针为单芽制作，在品饮过程中突出对杯中茶芽的欣赏。刚冲泡的君山银针是横卧在水面上的，当盖上杯盖后，茶芽吸水下沉，芽尖产生气泡，犹如雀舌含珠；继而茶芽个个直立杯中，似春笋出土；接着沉入杯底的直立茶芽，少数在芽尖气泡的浮力作用下再次浮升。此时，端起茶杯，顿觉清香袭来，闻香之后，再尝茶味。君山银针口感醇和、鲜爽、甘甜。

(六) 黑茶的品饮

黑茶的品饮重在寻香探色，为了更好地观赏茶汤，一般选用白瓷或玻璃透明小品杯。先观汤色，尔后闻香，最后还需好好品啜。如是陈年的普洱茶，则应在品饮的过程中细细体味经长期贮存而形成的“陈香”，其内香潜发，味醇甘滑，正是陈年普洱茶的特殊品质风格。

(七) 花茶的品饮

花茶既保持了原有茶叶的味道，又吸收了鲜花的香气。冲泡花茶，一般选用盖碗。冲泡前，可欣赏花茶的外观形状，闻干茶的香气。冲泡3分钟后，左手端杯，右手拇指和中指捏住盖钮，食指抵住钮面，向内翻转碗盖，闻盖香。尔后欣赏茶汤，看茶叶在水中飘舞、沉浮。最后用碗盖轻轻将汤面的浮叶拨开，并斜盖于碗口，从碗盖与碗沿的缝隙中啜饮。品饮时，让茶汤在口中稍事停留，以口吸气与鼻呼气相结合的方式，使茶汤在舌面上往返流动，充分与味蕾接触，如此一两次，再徐徐咽下。一饮后，茶碗中留下1/3的茶汤，续水两次，再三次，高档花茶可以冲七八次，水仍有余香。

小资料

茶艺师的礼仪规范

一、茶艺师的仪容仪表

(一) 化妆

茶艺师在表演茶艺时可以化淡妆，但要求妆容清新自然，以恬静素雅为基调，切忌浓妆艳抹，有失分寸。由于茶叶有很强的吸附能力，化妆时应选用无香的化妆品，以免影响茶的香气。

(二) 服饰

茶艺师在表演茶艺时服饰要合体，便于泡茶。款式可选择富有中国特色的服装，如旗袍及各类民族服装。在泡茶时，一般不佩戴饰物。因各民族风俗不同，有些民族服装配有本民族饰品也是可以的，但要以不影响泡茶为准。

(三) 头发

茶艺师在表演茶艺时要求头发清洁整齐，色泽自然。男性头发不过耳，女性长发盘于脑后，不得披散(少数民族可尊重其习惯)。

(四) 护手

茶艺师在表演茶艺时大家最关注的就是手，所以护手十分重要。不仅平时要清洁保护，而且在每次正式泡茶前还需用清水净手，去除手上沾染的气息。泡茶前手足不能涂有香气浓、油性大的护手霜，且指甲要修剪整齐，不留长指甲，不涂有色彩的指甲油。

二、茶艺师的姿态

从中国传统的审美角度来讲，人们推崇姿态之美高于容貌之美。茶艺过程中的姿态也比容貌更重要。

(一) 坐姿

坐姿必须端正，使身体重心居中，双腿膝盖至脚踝并拢，上身挺直，双肩放松，头上顶，下颌微敛。

女性双手搭放在双腿中间，男性双手可分搭于左右两腿侧上方。

全身放松，思想安定、集中，姿态自然、美观，切忌两腿分开或跷二郎腿、双手搓动或交叉放于胸前、弯腰弓背、低头等。

(二) 站姿

女性站姿：双脚并拢，身体挺直，头上顶，下颌微收，眼平视，双肩放松，小丁字步，双手虎口交叉，置于腰际。男性站姿：双脚呈外八字微分开，身体挺直，头上顶，下颌微收，眼平视，双手放松，自然下垂，手心向内，五指并拢。

(三) 行姿

女性以站姿作为准备，走直线，转弯时要自然，上身不可扭动摇摆，保持平稳，双肩放松，头上顶，下颌微收，两眼平视，也可与客人交流。走路时速度均匀，给人以稳重大方的感觉。如果到达客人面前为侧身状态，需转身，正面与客人相对，跨前两步进行各种茶道动作。当要回身走时，应面对客人先退后两步，再侧转身，以示对客人的尊敬。

男性以站姿为准备，行走时双臂随腿的移动可以在身体两侧自由摆动，其他姿势与女性相同。

(四) 韵律

茶艺中的每一个动作都要自然、柔和、连贯，而动作之间又要有起伏、节奏，使观者深深体会其中的韵味。

三、茶艺师的礼仪

礼仪，应当贯穿整个茶道活动中。

(一) 鞠躬礼

茶道表演开始前和结束后，要行鞠躬礼。

鞠躬以站姿为预备，上半身由腰部起前倾，头、背与腿呈近150度的弓形略作停顿，表示对对方真诚的敬意，然后慢慢起身。鞠躬要与呼吸相配合，弯腰下倾时吐气，身体直起时吸气。行礼的速度要尽量与别人保持一致。

(二) 伸掌礼

伸掌礼是茶艺过程中用得最多的示意礼。

主人向客人敬奉各种物品时都用此礼，表示“请”和“谢谢”。当两人相对时，可伸右手掌对答表示；若侧对时，右侧方伸右掌，左侧方伸左掌对答表示。伸掌姿势：四指并拢，大指内收，手掌略向内凹，倾斜之掌伸于敬奉的物品旁，同时欠身点头，动作要协调统一。

(三) 寓意礼

在茶道活动中，自古以来在民间逐步形成不少带有寓意的礼节。

凤凰三点头：寓意是向客人三鞠躬以示欢迎。

放置茶壶时壶嘴不能正对客人，否则表示请客人离开。

斟水、斟茶、烫壶等动作，右手必须以逆时针方向回转，左手则以顺时针方向回转，表示招手“来！来！来”的意思，否则表示挥手“去！去！去”的意思。茶具的图案应面向客人，以表示对客人的尊重。

资料来源：百度文库. wenku.daidu.com.

单元小结

本单元系统地介绍了茶的起源、茶叶的利用历史、中国茶区的分布、茶叶的种类、茶叶的鉴别方法、茶叶的贮存方法、茶叶的饮用与服务、茶叶的主要产地及名茶等。

单元测试

1. 简述茶叶的利用历史。
2. 茶叶的种类有哪些？
3. 如何鉴别茶叶？

4. 如何贮存茶叶？
5. 茶叶的主要产地及名品有哪些？
6. 简述茶的饮用与服务流程。

课外实训

1. 结合实物，进行茶叶的鉴别；
2. 结合实物，熟悉不同茶叶的冲泡方法。

学习单元七
咖啡及其服务

课前导读

咖啡是一种饮料，更代表一种生活方式，一种与人交流的文化。咖啡是用经过烘焙的咖啡豆制作的饮料，与可可、茶同为流行世界的主要饮品。日常饮用的咖啡是用咖啡豆配合各种不同的烹煮器具制作出来的。

本单元主要阐述咖啡豆的种类、等级、烘焙、研磨及咖啡的主要产地与咖啡调制方法。

学习目标

知识目标：

1. 了解咖啡文化；
2. 了解咖啡豆的种类、等级、烘焙与研磨方法；
3. 了解咖啡的主要产地及经典咖啡；
4. 掌握咖啡的调制方法。

能力目标：

通过本单元的学习，能够准确、熟练地调制各种经典咖啡。

学习任务一 认识咖啡

一、咖啡的概念

“咖啡”(Coffee)一词源于埃塞俄比亚的一个名叫卡法(Kaffa)的小镇，在希腊语中“Kaweh”的意思是“力量与热情”。最早种植咖啡并把它作为饮料的是埃塞俄比亚的阿拉伯人，他们称“Coffee”为“植物饮料”的代称。“Qahwa”一词随着咖啡传入当时的奥斯曼帝国(土耳其)后，发音变成“Quhve”。18世纪，再经土耳其传入欧洲。欧洲人按照自己的读音，改变了土耳其的发音，将咖啡定名为“Coffee”，流传至今。

咖啡是世界三大嗜好饮料之一，是一种以咖啡豆为原料，经过烘焙加工成熟，再研磨成颗粒状，或提炼成速溶颗粒，经过煮泡或冲泡而成的热饮品或冷饮品。

二、咖啡的起源

历史上最早介绍并记载咖啡的文献，由阿拉伯哲学家阿比沙纳于980—1038年所著。古时候的阿拉伯人把咖啡豆晒干熬煮后，把汁液当作胃药来喝，认为有助于消化，后来发现咖啡还有提神的作用。同时，由于伊斯兰教严禁教徒饮酒，教徒们便用咖啡取代酒精饮料作为提神的饮料，促使咖啡首先在教徒中传播开来。咖啡先由阿拉伯传至埃及，再传到叙利亚、伊朗、土耳其。土耳其人西征奥地利时，把咖啡从威尼斯、马赛港传入欧洲。咖啡又自欧洲迅速传播到世界各地。17世纪，荷兰人将咖啡引种到亚洲的印度尼西亚；同时，法国人在非洲其他地方开始种植咖啡。1668年，咖啡作为一种饮品风靡北美洲。18世纪，荷兰人开始在中南美洲种植咖啡。经过几个世纪的发展，非洲、亚洲的印度尼西亚及中南美洲已成为世界三大主要咖啡生产区。

小资料

让羊跳舞的红豆

相传在埃塞俄比亚，有一个叫卡迪的少年在放羊，但他只顾玩耍，打算日落前如以往一样吹声口哨，羊群就会跟随他回家。但令他惊讶的是，这一次他吹响了口哨却不见羊群归来。他不知如何向父亲交差，连忙四处寻找羊群，最终发现羊群在吃一种长在野树丛中的红果子，吃完后还翘着前腿跳起舞来。他感到莫名其妙，于是采了几颗红果品尝，结果自己也和羊群一样兴奋起来。他回家把这件事告诉了父亲，并将这种红果子带到村里与小伙伴们共享，这事就在村里传开了，后来甚至传到了教堂、寺庙。这种红果子就是现在的咖啡豆。

救命的摩卡

相传在阿拉伯半岛上有个叫奥玛的首领，因受到诬陷，连同随从一起被放逐到沙漠地带，因为水食匮乏，眼看就要饥渴而死。这时，他看到树上有一群小鸟正在啄食树上的果实，并发出婉转悦耳的啼叫声，于是奥玛好奇地将这种果实带回住处加水熬煮，饮用后原有的疲惫感消失，变得元气十足。这事被住在附近的居民当作宗教的信号，为了纪念，这种植物及汤汁被称为摩卡。这种神奇的果实就是今天的咖啡豆。

德·克利的磨难

相传在马提尼克岛任职的一个法国海军军官德·克利，在即将离开巴黎的时候，设法弄到一些咖啡树，并决定把它们带回马提尼克岛。他一直精心护理着这些树苗，把它们保存在甲板上的一个玻璃箱里，不料在旅途中遭受海盗的威胁、暴雨的袭击、饮用水的短缺，即便如此，德·克利仍用尽力气全身心保护着树苗，终于将它们带到马提尼克岛，使咖啡树在马提尼克落地生根。为了纪念他，1918年人们为他建了一座纪念碑。

资料来源：豆丁网. www.docin.com.

三、咖啡文化

咖啡文化源远流长，岁月积淀了世界咖啡文化深厚的底蕴，各国咖啡文化更是缤纷呈现。

(一) 法国的咖啡文化

法国人钟爱咖啡馆是世界闻名的，其中，普罗科普咖啡馆是巴黎最早、也是最著名的咖啡馆，据说思想家伏尔泰的多部著作都是在这里撰写的。而今在法国，喝咖啡的场所可以说遍布大街小巷，树荫下、马路旁、广场边、河岸上，不拘一格。无论在何种场所喝咖啡，法国人都讲究一种优雅的韵味、浪漫的情调，他们经常一边读着报纸、吃着茶点，一边品着咖啡，一“泡”就是大半天。

(二) 日本的咖啡文化

世界顶级的咖啡在日本，最通俗的咖啡也在日本，除速溶咖啡外，日本是最早推出灌装咖啡的国家。咖啡馆在明治中期就成为文人社交的场所，第二次世界大战后，地道的咖啡深受日本人的推崇，尤其咖啡馆深受年轻人和激进分子的喜爱，咖啡逐渐成为日本的大众饮料。虽然进口量还比不上美国、德国等国家，但日本在世界咖啡进口中占据重要的地位。

(三) 维也纳咖啡文化

维也纳人将咖啡、音乐和华尔兹并称为“维也纳三宝”。如今，喝咖啡已成为维也纳人生活中不可或缺的一部分。在咖啡馆里，到处可以见到看书、读报、创作、会友、下棋的景象。维也纳最出名的中央咖啡馆是许多著名诗人、剧作家、音乐家、外交官们常聚的场所，据说，莫扎特、贝多芬、舒伯特等名人常常光顾。

(四) 美国咖啡文化

在美国，咖啡已成为人们生活中不可或缺的一部分，无论是在家里、办公室、公共场合还是路边的自动贩卖机，美国人几乎24小时都离不开咖啡，就这样喝掉了世界咖啡生产量的三分之一。而且美国人喝咖啡不讲究规则，随性而自由，百无禁忌。著名的世界最大咖啡连锁店——“星巴克”如今已遍布世界各地。美国已成为当今世界上咖啡消费量最大的国家。

(五) 土耳其咖啡文化

土耳其咖啡又称阿拉伯咖啡，是欧洲咖啡的始祖。土耳其人喝咖啡不过滤残渣，品尝时，大部分咖啡粉沉淀到杯底，这是土耳其咖啡的最大特色，即使喝得满嘴残渣，也不能喝水，因为那暗示咖啡不好喝。后来人们还学会了用咖啡残渣占卜，通过观察喝完咖啡剩下的残渣形成的形状来预言吉凶，这也成为土耳其咖啡文化独特的亮点。

(六) 意大利咖啡文化

咖啡和意大利人的生活息息相关，人们习惯早上醒来后喝上一杯咖啡，开始新的一天。一天之中，不论是工作、小聚还是聊天都要享用咖啡。意大利人的“Espresso”即意式浓缩咖啡是意式咖啡的经典，许多风靡世界的咖啡饮品如卡布奇诺、拿铁、玛奇朵等，都是由“Espresso”调制出来的。

学习任务二 咖啡树与咖啡豆

一、咖啡树

咖啡树是茜草科多年生常绿灌木或乔木，是一种园艺性的经济作物。它的叶片为深绿色，呈长椭圆形，叶面光滑，叶端较尖，两叶对生，每片长10～15厘米，边缘呈波浪状。咖啡树的果实最初呈绿色，渐渐变黄，成熟后转为红色，由于咖啡果实成熟时的颜色是鲜红色，而且形状与樱桃相似，又称为“咖啡樱桃”。

咖啡是一种喜爱高温潮湿环境的热带性植物，适合栽种在南、北回归线之间的地区，主要分布在北纬25°到南纬30°之间的非洲、亚洲的印度尼西亚及中南美洲三大地区，我们将这个区域称为“咖啡带”。一般来说，咖啡大多栽种在山坡地上。咖啡从播种、生长到结果，需要四五年的时间，而从开花到果实成熟则需要6～8个月的时间。据说咖啡树的种类有500多种，品种有6 000多个。其中，主要的咖啡树有三种，即阿拉比卡、罗布斯塔和利比利亚，多产于中南美洲热带地区。

(一) 阿拉比卡

阿拉比卡品种的咖啡比较能够适应不同的土壤与气候，而且咖啡豆不论是在香味上还是在品质上都比其他品种优秀。阿拉比卡不但历史最悠久，而且栽培量最大，产量占全球咖啡产量的80%。主要的栽培地区有巴西、哥伦比亚、危地马拉、埃塞俄比亚、牙买加等。阿拉比卡咖啡豆的外形是较细长的椭圆形，味道偏酸。

(二) 罗布斯塔

罗布斯塔大多产于印尼、爪哇岛等热带地区。罗布斯塔耐干旱、耐虫害，但咖啡豆的品质较差，大多用来制造速溶咖啡。罗布斯塔咖啡豆的外形近乎圆形，味道偏苦。

(三) 利比利亚

利比利亚因为很容易受病虫害的威胁，所以产量很少，而且豆子的口味太酸，因此大多只供研究使用。

二、咖啡豆种类

由于栽培环境的纬度、气候及土壤等因素的不同，咖啡豆的风味产生了不同的变化，一般常见的咖啡豆种类有以下几种。

(一) 蓝山

蓝山咖啡豆是咖啡豆中的极品，所冲泡出的咖啡香郁醇厚，口感非常细腻，主要产于牙买加的高山上。由于产量有限，价格比其他咖啡豆昂贵。蓝山咖啡豆的主要特征是豆子比其他种类的咖啡豆要大。

(二) 曼特宁

曼特宁咖啡豆风味香浓，口感苦醇，但是不带酸味。由于口味很独特，很适合单品饮用，同时也是调配综合咖啡的理想种类。主要产于印度尼西亚的苏门答腊等地。

(三) 摩卡

摩卡咖啡豆的风味独特，甘酸中带有巧克力的味道，适合单品饮用，也是调配综合咖啡的理想种类。目前，也门所生产的摩卡咖啡豆品质最好，其次是埃塞俄比亚。

(四) 牙买加

牙买加咖啡豆仅次于蓝山咖啡豆，风味清香优雅，口感醇厚，甘中带酸，味道独树一帜。

(五) 哥伦比亚

哥伦比亚咖啡豆香醇厚实，口味微酸但是口感强烈，并有奇特的地瓜皮风味，品质与香味稳定，因此可用来调配综合咖啡或加强其他咖啡的香味。

(六) 巴西圣多斯

巴西圣多斯咖啡豆香味温和，口感略微甘苦，属于中性咖啡豆，是调配综合咖啡不可缺少的咖啡豆种类。

(七) 危地马拉

危地马拉咖啡豆芳香甘醇，口味微酸，属于中性咖啡豆。与哥伦比亚咖啡豆的风味极为相似，也是调配综合咖啡理想的咖啡豆种类。

(八) 综合咖啡豆

综合咖啡豆是指两种以上的咖啡豆依照一定的比例混合而成的咖啡豆。由于综合咖啡豆可撷取不同咖啡豆的特点于一身，经过精心调配可以制作出品质极佳的咖啡。

三、咖啡豆等级

目前，咖啡豆质分级并没有一个国际通行的标准。各国处理咖啡豆的方法不同，产生了各式各样的分级方法，常见的有以下几种。

(一) 按筛网分级

筛网分级即按咖啡生豆的大小分级，通过打了洞的铁盘筛网决定豆子的大小，从而确定等级。筛网的洞孔大小单位是1/64英寸(不到0.4mm)，所以几号筛网就表示有几个1/64英寸，比如17号筛网的大小就是17/64英寸，大约为6.75mm。筛网的数字越大，表示咖啡生豆的颗粒越大。前文所说的“筛网”是针对平豆而言的，对于圆豆自有一套筛网大小标准，一般使用8～12号筛网对圆豆分级。

肯尼亚是最具代表性的依筛网对咖啡豆进行分级的国家之一，其他国家还包括坦桑尼亚、哥伦比亚等。

(二) 按瑕疵点数分级

瑕疵豆是破坏咖啡风味的重要因素，所以在生豆处理的最后一步要将瑕疵豆去除，这就产生了瑕疵豆数量多少的问题，所以按瑕疵豆比例，辅以筛网大小也可作为一种分级方式。鉴定方法是随机抽取300克样本，放在黑色纸上，然后由专业鉴定师谨慎检查，找出样本内的瑕疵豆，并按瑕疵种类累计不同的分数，最后依据累计的缺点数评定级数。

目前，采用瑕疵豆比例法的代表国家主要有牙买加、巴西、埃塞俄比亚等。

(三) 按咖啡产地海拔高度分级

一般而言，高山地区由于气候寒冷，咖啡生长速度缓慢，生豆的密度较高，质地坚硬，咖啡浓醇芳香，并有柔和的酸味；反之，生豆的密度较小，质地不坚硬，则咖啡的品质较差。

目前，采用此分级标准的咖啡生产国有危地马拉、墨西哥、洪都拉斯、萨尔瓦多等中南美洲国家。

四、咖啡豆烘焙

咖啡烘焙是指通过对生豆加热，使生豆中的淀粉经高温转化为糖和酸性物质，纤维素等物质会被不同程度地碳化，水分和二氧化碳会挥发掉，蛋白质会转化成酶和脂肪，剩余物质会结合在一起，在咖啡豆表面形成油膜层，并在此过程中生成咖啡的酸、苦、甘等多种味道，形成醇度和色调，将生豆转化为深褐色原豆的过程。

咖啡豆必须经过烘焙的过程才能够呈现不同咖啡豆本身所具有的独特芳香、味道与色泽。烘焙咖啡豆简单地说就是炒生咖啡豆，而用来炒的生咖啡豆实际上只是咖啡果实中的种子部分，因此，我们必须先将果皮及果肉去除，才能得到我们想要的生咖啡豆。

生咖啡豆的颜色是淡绿色，经过烘焙加热后，可使豆子的颜色产生变化。烘焙的时间长，咖啡豆的颜色就会由浅褐色转变成深褐色，甚至变成黑褐色。咖啡豆的烘焙方式与中国“爆米花”的制法类似，首先必须将生咖啡豆完全加热，让豆子弹跳起来，当热度完全渗透到咖啡豆内部，使咖啡豆充分膨胀后，便会开始散发特有的香味。

依据烘焙程度的强弱，咖啡豆的烘焙熟度大致可分为浅度烘焙、中度烘焙及深度烘焙三种。至于要采用哪一种烘焙方式，必须依据咖啡豆的种类、特性及用途来决定。

(一) 浅度烘焙

当豆子发出第一声轻响，同时体积膨胀时，其颜色转变为肉桂色。一般来说，浅度烘焙的咖啡豆，豆子的颜色较浅，味道较酸。

(二) 中度烘焙

当烘焙10～11分钟时，咖啡豆呈褐色。中度烘焙既能保留豆子的原味，又可以适度释放芳香。当烘焙至12～16分钟时，油脂开始浮出表面，豆子呈油亮深褐色，这时咖啡的酸、甜、苦味达到最完美的平衡。中度烘焙的咖啡豆，豆子颜色比浅焙豆略深，但酸味与苦味适中，恰到好处。

(三) 深度烘焙

当烘焙19～23分钟时，豆子乌黑透亮，已经碳化，有油脂渗出，苦味和浓度加深。深度烘焙的咖啡豆，由于烘焙时间较长，豆子的颜色最深，而味道则是以浓苦为主。

五、咖啡豆研磨

咖啡豆因研磨颗粒的粗细不同，冲泡出来的口感是有差异的。如果研磨过细，则会导致过度萃取，使咖啡味浓苦且失去芳香；如果研磨过粗，则萃取不足，使咖啡酸味加重且淡而无味。

(一) 极细研磨

如麦粉般粗细，苦味很浓。

(二) 细研磨

如细砂般粗细。

(三) 中细研磨

如颗粒砂糖般粗细。

(四) 中度研磨

如砂般粗细。

(五) 粗研磨

如粗砂糖般粗细，苦味轻、酸味重。

六、咖啡豆保存

咖啡豆的保存主要根据咖啡豆的烘焙程度和保存地方的不同而有所不同。

(一) 浅烘焙咖啡豆的保存

浅烘焙的咖啡豆必须在干燥的环境中保存，以免湿气给咖啡豆带来异味。

(二) 深烘焙咖啡豆的保存

深烘焙的咖啡豆表面会渗出一层油脂，油脂会受到氧气、阳光、温度的影响，如果保存时间过长，会使油脂发生氧化现象，释放臭味，从而使咖啡豆质量变差。因此，在保存前要先将有臭味的豆剔除，再加以密封保存。

(三) 保存地方的选择

咖啡豆应该保存在干燥、阴凉的地方，一定不要放在冰箱里，以免吸收湿气。咖啡豆和研磨咖啡可以冰冻，不过时间不应超过1个月。从冷冻柜中拿出咖啡时，要避免冰冻的部分化开而使袋中咖啡受潮。为减少与空气接触的机会，应将咖啡豆分成小包装，分别装入保鲜袋中，束紧口后再放入不透明的罐中，放于阴凉处，必要时可在罐中放入干燥剂。

保存咖啡豆时应注意以下几点。

(1) 应将咖啡豆放在密封罐或密封袋中，以保持新鲜。

(2) 应将咖啡豆保存在通风良好的储藏室中。

(3) 咖啡豆的保存期限约为3个月，而咖啡粉只能保存1～2个星期。

(4) 如果是研磨好的咖啡，使用密闭或真空包装，以确保咖啡油(Coffee Oil)不会消散，导致风味及强度的丧失。如果咖啡不是很快就要用到，可以保存在冰箱中。

(5) 循环使用库存物，并核对袋子上的研磨日期。

(6) 不要靠近有强烈味道的食物。

(7) 尽可能只在需要时，才将咖啡豆研磨成咖啡粉。咖啡与胡椒一样，在研磨后很快会丧失其芳香。冲泡刚磨好的咖啡，永远都是最好的。

学习任务三 咖啡的主要产地

不同品种的咖啡会有不同的味道，同品种的咖啡由于产地不同也会因为土壤、阳光、雨量、温度等因素的影响，产生不同的口感。每个种植地区的咖啡都有其独特的味道。世界上主要的咖啡生产地有50多个，分布在美洲、非洲、亚洲和大洋洲。

一、美洲咖啡

1. 巴西

巴西是世界上最大的咖啡生产国和出口国，咖啡生产量占世界的1/3，人均咖啡消费量也呈上升趋势。巴西主要出产与海平面同海拔生长的淡味咖啡，其口感温和，酸中带苦，香味清淡。

2. 哥伦比亚

哥伦比亚是世界上第二大咖啡生产国，仅次于巴西，其产量占世界总量的12%，是世界咖啡版图上的一颗璀璨明珠，其口感甘甜清香，酸中带甘，苦味中平，浓度适中，带有水果清香。所栽培的咖啡以阿拉比卡种为主，阿拉比卡种咖啡种植在山麓海拔800～1 900米的陡峭斜坡上，均为手工采摘和水洗加工。

3. 古巴

由于受政治因素的影响，古巴的咖啡产量一直不大。咖啡豆的特征是中粒到大粒，颜色为明亮绿色，其中最好的咖啡是图基诺。巴西咖啡颗粒饱满，酸、苦、甜均衡，富有醉人的烟草味。

4. 哥斯达黎加

哥斯达黎加的咖啡业起航甚早，咖啡农在这里享有极高的地位，可谓咖啡者的天堂。咖啡是哥斯达黎加的主要出口商品。优质的哥斯达黎加咖啡生长在海拔1 500米以上地区，称为“特硬豆”。其中，塔拉苏是世界主要咖啡产地之一。哥斯达黎加的咖啡浓厚醇香，酸感强，苦味温和，果味浓郁。

5. 危地马拉

危地马拉是不可忽略的咖啡产地，是咖啡风味多样性的典型代表。危地马拉处于热带，海拔较高，其咖啡大部分生长在南部马德雷火山的山坡上，这里出产的咖啡具有香料混合风味。危地马拉咖啡享有世界上品质最佳的声望，咖啡颗粒饱满，酸度均衡，味道多变。

6. 牙买加

尽管牙买加的咖啡产量只占世界咖啡产量的百分之一，但有些品种非常有名。牙买加高山咖啡是西印度群岛最好的咖啡，蓝山咖啡是其中的贵族，在品质、特色、香味、甘润方面都完美无缺，但由于产量极少价格非常昂贵。这种咖啡风味浓郁、均衡，富有水果味和酸味。

7. 墨西哥

墨西哥是中美洲主要的咖啡生产国，也是世界上最大的有机咖啡生产国。墨西哥咖啡品牌主要有科特佩、华图司科、欧瑞扎巴，其中科特佩被认为是世界上最好的咖啡之一。墨西哥咖啡口感柔滑醇厚，有迷人的香气。

8. 巴拿马

巴拿马拥有中美洲最理想的农业气候条件，并且以种植野生的、芳香的和风味多样的咖啡而闻名。巴拿马有着得天独厚的自然地理条件，海拔较高，常年有海洋风吹过且火山土壤丰富，这样的环境铸就了著名的Geisha。巴拿马咖啡口感柔滑、酸香精致、味道均衡。

9. 洪都拉斯

洪都拉斯是看似冷门的咖啡产地，由于时局动荡，洪都拉斯咖啡对很多人来说相对陌生，但该国是中美洲最主要的咖啡出口国之一，出口量仅次于危地马拉，位居第二。洪都拉斯咖啡有两种最为知名：生长在海拔100～1 500米的“高地咖啡”，以及生长在海拔1 500～2 000米的代表洪都拉斯咖啡最高级别的“特选高地咖啡”。 洪都拉斯咖啡口感高酸、微甜。

二、非洲咖啡

1. 安哥拉

安哥拉是全世界第四大咖啡工业国，但只出产少量的阿拉伯咖啡，品质很高。安哥拉咖啡中有98%是罗布斯塔咖啡。安哥拉咖啡最好的品牌是安布里什、安巴利姆及新里东杜，它们都以始终如一的质量而闻名。安哥拉咖啡口感芳香浓郁，酸度高。

2. 埃塞俄比亚

埃塞俄比亚堪称咖啡原产地，是传统的农产国，是重要的咖啡生产国，大约有1 200万人从事咖啡生产，是非洲主要的阿拉伯咖啡豆出口国。这里有著名的埃塞俄比亚摩卡，它有着与葡萄酒相似的酸味，口味香浓，且产量颇丰。埃塞俄比亚咖啡多为水洗豆，花香浓郁，顺滑细腻，还有浓烈的巧克力味和果香味。

3. 肯尼亚

肯尼亚的咖啡历史并不长，20世纪初开始引进阿拉比卡咖啡品种。肯尼亚种植的是高品质的阿拉比卡咖啡豆，咖啡豆几乎吸收了整个咖啡樱桃的精华，口味微酸，香味浓郁，很受欧洲人的喜爱，成为受欢迎的咖啡之一。肯尼亚AA级咖啡，是非洲咖啡中的极品，质性厚实饱满，略带酸性，口味顺畅且略带酒香。AA级代表肯尼亚咖啡豆的最高级别。

4. 坦桑尼亚

坦桑尼亚的咖啡豆具有不同凡响的品质，生产于临近乞力马扎罗山的莫希区，高度达

3 000～6 000米的山岳地带是最适合栽培咖啡的地区，肥沃的火山灰赐予这里的咖啡浓厚的质感和柔和的酸度。它散发出细腻的芬芳，并且含有葡萄酒和水果的香气，令人品尝后回味无穷。坦桑尼亚AA级咖啡豆是最高等级的咖啡豆，其颗粒饱满，风味醇正，浓郁爽口，各方面的品质均为上等。

三、亚洲咖啡

1. 印度

印度是世界第五大咖啡生产国。印度最有名的咖啡是“季风咖啡”，它的生长条件之一是需要有马拉巴尔海岸的季风吹拂。采摘后的咖啡豆会被铺平放置在通风良好的仓库地板上，来自阿拉伯海岸的风和雨会有效地清洗咖啡浆果3～4个月。这一过程使得咖啡浆果的皮发酵膨胀，咖啡豆的酸度降低，pH值接近中性，咖啡的油脂丰富，散发出草本植物的清香。印度咖啡主要以阿拉比卡种为主，罗布斯塔种也占有一定比例。

2. 印度尼西亚

印度尼西亚不仅有倍受争议的麝香猫，苏门答腊的曼特宁咖啡浓香醇厚，爪哇咖啡甘醇顺口，都是印尼咖啡为人熟知的经典。印尼是一个廉价咖啡与精品咖啡并存的产区，印尼的精品咖啡一直在国际市场上享有盛誉。印度尼西亚咖啡甘醇顺滑，苦味极强而香味极清淡，无酸味。

3. 越南

如今，越南已成为世界第二大咖啡生产国，仅次于巴西。19世纪中叶，咖啡由法国传教士引入越南。越南大多种植罗布斯塔咖啡豆，因为罗布斯塔咖啡豆非常耐寒，更易被种植，产量比较高且抗病虫能力强。出口的品种主要是罗布斯塔咖啡。越南咖啡口味适中，均衡度较好。

四、大洋洲咖啡

1. 夏威夷

夏威夷是北美最著名的咖啡产区。夏威夷的咖啡树主要种植于瓦胡岛的诺亚山谷，后来被引入瓦胡岛的其他地区和其他岛屿。这些岛屿能够为咖啡树提供良好的生长环境，包括适宜的温度和湿度，较高的海拔，丰富的火山土和常年海洋风。这里种植的咖啡豆通常甘甜、柔滑、芳香四溢。科纳是夏威夷最传统且知名的咖啡，产量不高，价格直追蓝山咖啡。

2. 巴布亚新几内亚

虽然巴布亚新几内亚的咖啡产量只占世界总产量的1%左右，但咖啡是该国一项大产业，从事该产业的人约有250万。巴布亚新几内亚的咖啡都种植在海拔1 300～1 800米的高地，因此质量很高。巴布亚新几内亚的咖啡具有独特的苹果酸。

学习任务四 咖啡的品鉴

一、影响咖啡品质的因素

咖啡的品种、等级、生长情况、产地，烘焙的方法、火候，研磨粉粗细以及新鲜度和贮存方法等皆有不同，因此使咖啡呈现香、酸、甘、苦、醇等各种不同的基本特性。除此之外，水质、水温、火候、器具等附加条件对咖啡的品质也有一定的影响。

(一) 水质

水在一杯咖啡中占98%的容量，因此咖啡的味道与水质有密切的关系。最好使用过滤后的水来冲煮咖啡，蒸馏水最为理想。另外，泡咖啡的水不能是含碱度高的硬水或含大量铁的水，尤其不能使用含氯的水。

(二) 咖啡豆的粗细与水温的关系

咖啡豆的粗细与水温有密切关系。冲调研磨较粗的咖啡豆时，水温要高，时间要长；咖啡豆研磨得越细，冲调的水温相对就越低，时间则越短。水温太低煮不出咖啡的本味，沸腾水又会使咖啡变苦，故千万不要煮沸咖啡，合适的冲泡温度应略低于96℃，维持最佳风味的温度是86℃左右。建议以0.1厘米大小的咖啡豆(和粗砂糖颗粒差不多)冲泡，水温以85℃～95℃为宜，时间为20～60秒，在烹煮过程中每隔15～20秒搅拌2～3次。

(三) 杯具

使用玻璃器皿比较容易煮出好喝的咖啡；陶瓷器具保温效果好，可保持原味；咖啡不用金属器皿盛装，因咖啡一接触金属器皿就会起氧化作用，产生一种令人不快的味道。饮用咖啡的咖啡杯、杯盘、茶匙要成套，花纹也要经过设计，原则上咖啡杯、匙的内缘以白色为佳，这样易辨别咖啡的色泽和浓度。

(四) 咖啡用量

咖啡使用分量应根据所煮咖啡的颗粒粗细以及个人的爱好等因素来确定。一般来讲，500g咖啡如果冲泡出50杯以下，就是浓咖啡；如果冲泡出50～60杯，那就是浓度适中的咖啡。冲调粉状咖啡时，可以比冲调中等颗粒的咖啡少放一些；但冲调粗颗粒的咖啡时，必须比冲调中等颗粒的咖啡多放15%左右。此外，如果用渗透较慢的滤袋调制咖啡，要比用高级的咖啡壶或滤纸式咖啡壶多放5%～15%的量。咖啡有3种冲泡形式，即咖啡豆煎煮法、磨碎的咖啡粉过滤法、浓缩咖啡冲调法。

(五) 品味

品尝咖啡前应先观其色泽，唯有颜色清澈、泡沫均匀的咖啡，才能带来清爽圆润的口感。如果咖啡豆成分多为阿拉比卡品种，那么咖啡泡沫细密，呈深褐色并略带淡红；如果多为罗布斯塔品种，那么咖啡泡沫松散，呈深棕色并带有灰条纹。一杯咖啡最吸引人之处，莫过于咖啡在冲泡过程中飘散出来的一种略带神秘感的诱人芳香，因此应拿起小匙轻轻搅动(泡沫会阻挡香气的发散)使咖啡的香气散发出来。清咖啡是不加任何修饰物的咖啡，品尝清咖啡可品味咖啡的原始气味。阿拉比卡的香气比较像巧克力、果香、花香等气味，罗布斯塔的香气比较像木头香、泥土味等气味。端起咖啡浅啜，可以品尝出咖啡的香、甘、酸、苦，从而享受咖啡的香醇。甜味会很快消失，苦味停留时间较长，这与舌头的味蕾分布有关，舌尖感觉甜味，两侧感觉酸味，舌根感觉苦味。罗布斯塔的咖啡因含量高，较苦；阿拉比卡的甜味和酸味较平衡。

二、咖啡品鉴技巧

(一) 嗅香气

香气对咖啡至关重要，我们通过嗅觉闻到的香气往往比品尝到口中的味道更能传递一杯咖啡的精髓。咖啡香气又可分为干香气和湿香气：干香气是指新鲜咖啡豆经研磨发出的气体，这些气体成分主要是芳香酯类；湿香气是指咖啡粉末与热水接触，水的热量把咖啡粉纤维中的有机物从液体变成气体，这些新释放的气体的主要成分是大分子结构，如酯、乙醛和酮。通常，香气特点能表现咖啡豆的本质，香气的力度能表明咖啡的新鲜度。

(二) 尝味道

味道是指通过我们的味觉辨别的酸、甜、苦、咸等。味觉的感受器是分布在舌背面、舌尖、舌两侧的味蕾。咖啡入口后所有的感官神经末端会同时对苦、酸、甜味做出反应。苦味是咖啡的基本味道，是在烘焙咖啡豆时分解出来的产物，而苦味成分中的咖啡因是表现咖啡药理特征的重要物质。酸味是咖啡的一种基本味道，由有机果酸引起，含柠檬酸、苹果酸等。一般浅烘焙的豆子酸味较丰富，高地种植的咖啡会比低地栽种的咖啡酸，刚采收的豆子会变酸。甜味源于烘焙豆子时产生的焦糖，高级咖啡特有的甜味与苦味呈表里一体。

(三) 感醇厚

在专业的咖啡品尝中，这个指标也被称为口感，形象化地解释为水和油。油比水更黏稠，所以口感分值就会高于水，高品质咖啡的口腔触感就会比低品质咖啡的口腔触感更加饱满、更加有分量，分值就会更高。有些咖啡喝起来就会觉得口腔里非常饱满，而有些咖啡喝起来就会感觉像水一样寡淡，风味感飘忽短暂，前者为优，后者为劣。

(四) 追回味

咖啡喝下去后，总会有一种味道从喉咙处返回来，有的回味很持久、很清晰，有的则很短暂、很模糊。持久且清晰的回味为优，这样的咖啡生豆的质量较高。

三、咖啡经典

(一) 康宝蓝(Con Panna)

康宝蓝是意大利著名的咖啡品种之一，在意大利语中，“Con”是“和”的意思，“Panna”是“生奶油”的意思，而意式咖啡的最底层一般都是意式浓缩，所以康宝蓝的制法是在意式浓缩咖啡上加上鲜奶油，让嫩白的鲜奶油漂浮在深沉的咖啡上，奶油宛如一朵出淤泥而不染的白莲花。

康宝蓝外观：有厚奶油层，像手工冰淇淋；味道：头层甜腻，底层很苦；口感：层次感分明，奶油有点腻；气味：奶油香和咖啡醇香。

(二) 意式浓缩(Espresso)

意式浓缩是咖啡的灵魂，坊间叫它意式浓缩咖啡，顾名思义，来自意大利，浓度高、口味重。意大利人在工作之余喜欢以咖啡提神，但为了节省时间，他们需要一杯简单且浓厚的咖啡，所以才有了意式咖啡的代表饮品——意式浓缩。作为意式咖啡的核心所在，几乎所有的意式咖啡都会以这种咖啡为基底。

意式浓缩咖啡外观：有浓厚的可可脂层，呈深褐色；味道：苦涩，单一；口感：有油腻感，润滑；气味：醇香，余味悠长。

(三) 焦糖玛奇朵(Caramel Macchiato)

焦糖玛奇朵一般是在浓缩咖啡上加入牛奶(奶泡)、香草，再淋上纯正焦糖而制成的饮品。“Macchiato”在意大利语中有“印记”的意思，而“Caramel”的意思是“焦糖”，寓意“甜蜜的印记”。焦糖玛奇朵表面那一层花样繁多的焦糖是其魅力所在，极具观赏性，因为加入大量的奶泡，贴近焦糖圈闻一闻，奶香味十足。

焦糖玛奇朵外观：有焦糖圈，奶泡浓厚；味道：奶味十足，很甜；口感：润滑，不腻，有层次感；气味：奶香，咖啡醇香。

(四) 卡布奇诺(Cappuccino)

卡布奇诺是一种将同量的意大利特浓咖啡和蒸汽泡沫牛奶相混合的意大利咖啡。此咖啡的颜色，如同当时传教到意大利的圣芳济教会的修士深褐色的外衣上覆上一条头巾，而“Cappuccino”在意大利语中有“头巾”之意，所以意大利人给这种咖啡取名为“Cappuccino”。

在卡布奇诺中，浓缩咖啡、牛奶、奶泡的比例接近1:1:1，咖啡最上层是带着奶沫的奶泡，奶泡比例会稍稍多于牛奶，闻起来，奶香浓郁。在表面还会撒上一层肉桂粉，既能起到驱寒的功效，又能让咖啡更加香甜醇厚，还能起到一定的装饰作用。

卡布奇诺外观：奶量十足，有肉桂粉，有奶沫；味道：均衡，甜苦适中，奶味浓；口感：润滑，不腻，有回甘；气味：奶香浓郁。

(五) 爱尔兰咖啡(Irish Coffee)

爱尔兰咖啡是一款鸡尾酒，是以爱尔兰威士忌为基酒，配以咖啡为辅料调制而成的一款鸡尾酒。相传它是爱尔兰都柏林机场的酒保为了留住心爱的姑娘而研制的咖啡。这名酒保第一次为这位姑娘制作爱尔兰咖啡时，因为难以抑制内心的激动和对姑娘长久的思念，在制作过程中流下了眼泪，而眼泪恰好滴落进咖啡中。

爱尔兰咖啡外观：像鸡尾酒；味道：奶甜，咖啡微苦，酸涩；口感：层次明显，醇厚，清爽；气味：酒香浓烈，奶香浓郁，醇香。

(六) 拿铁(Caffè Latte)

拿铁是全球销量最大的意式咖啡。“Latte”在意大利语中是“牛奶”的意思，所以Cafe Latte的意思就是牛奶咖啡。它几乎只有咖啡和牛奶，牛奶多而咖啡少。浓缩咖啡、牛奶、奶泡的比例接近1:2:1，而且是将热腾腾的鲜牛奶直接倒入浓缩咖啡中，喝起来感觉原本甘苦的咖啡变得柔滑香甜，热牛奶的香甜味十足。

拿铁外观：有奶油层，很像卡布奇诺；味道：偏淡，奶味浓；口感：润滑；气味：特浓奶香。

(七) 摩卡(Café Mocha)

摩卡是一种最古老的咖啡，它的名字源于位于也门的红海海边小镇摩卡，是由意大利浓缩咖啡、巧克力、鲜奶油和牛奶混合而成的，和经典的意式拿铁咖啡类似，它通常是由三分之一的意式浓缩咖啡和三分之二的牛奶加奶油混合配成，咖啡的比例很低，一般还会在其中加入巧克力糖浆。它的最上面是一层奶油，看上去有些浓稠，喝一口，奶油、牛奶、巧克力还有咖啡依次入口，层次感非常好。

摩卡外观：有奶油层，很浓稠；味道：奶甜，巧克力味；口感：绵密；气味：奶味浓郁。

学习任务五 咖啡饮用与服务

一、咖啡的饮用方法

(1) 每次饮用前冲泡咖啡，并且只冲泡想要饮用的分量。因为咖啡一旦冲泡出来，就会很快失去味道甚至变质，所以应保证每次冲泡适量的咖啡。不要将已变凉的咖啡再次加热。

(2) 只有当咖啡温度适当时才能散发出潜藏的特性与美味，所以既不能喝太烫的咖啡也不能喝太凉的咖啡，因为咖啡会随着时间的流逝而失去其香醇与浓郁。咖啡在冲泡后10分钟内饮用最佳，将咖啡置于咖啡机上保温，香味会持久一些，但也最好不要超过20分钟，放置太久会丧失其风味。

(3) 咖啡与水的比例要适宜。一般来说，每50g咖啡可以放100g水，即每杯标准用量应是11g。当然，应根据个人对咖啡味道浓淡的要求确定加多少水，英美人饮用的咖啡非常淡。

(4) 一杯咖啡应以七八分满为适量，分量适中的咖啡不仅能刺激味觉，喝完后也不会有"腻"的感觉，反而会回味无穷。同时，适量的咖啡能适度地缓解身体疲劳，保持头脑清爽。咖啡的味道有浓淡之分，所以不能像喝茶或可乐一样，连续喝三四杯，一般饮用咖啡以80～100cc为适量。

(5) 加入牛奶、糖调配可使咖啡多些变化。在英语系国家中，人们习惯在咖啡中加入牛奶和糖，但他们所喝的咖啡比较清淡。

糖：咖啡饮用常加糖，如砂糖、冰糖、方糖等。

乳：咖啡常伴奶饮用，如鲜奶、炼乳、奶油等。

糖和乳一般根据饮用者的口味爱好酌量添加。

喝咖啡时，热咖啡趁热喝，糖要先加，奶后加，加鲜奶时最好沿着杯边缘徐徐倒入，使它逐渐扩散；冰咖啡要趁冰还没化时喝，时间一长，冰融化后会稀释咖啡原有的香醇。

(6) 煮咖啡的温度应为90℃～93℃。如果水温太高会使咖啡出现苦味，一般应在水烧热后加咖啡豆粉。

(7) 用来煮咖啡的设备必须每天清洗，保持洁净，否则咖啡味道会变苦。

(8) 使用优质过滤器。大多数情况下选用一次性过滤纸，过滤纸是保证咖啡无杂质的唯一保护层，必须绝对干净。

(9) 煮好的咖啡应在85℃～88℃的温度下保存。咖啡煮好后应马上饮用，如保存时间太久，10分钟后咖啡的味道和苦香就会退化，1小时后就会失去芳香味，所以最好即煮即饮。

(10) 上咖啡前用热水预热咖啡杯。将热咖啡杯放在底碟上，再放到托盘里，然后从客人左边将咖啡杯及底碟和其他附加物如乳脂、糖端给客人。

(11) 罐装咖啡可使香味保留时间较长。在国外，咖啡豆有时就是放在锡罐或塑胶袋中出售的。真空包装更加有利于咖啡的存放，可使原有风味更持久。

二、咖啡的煮泡方法

一般餐厅或咖啡专卖店较常采用的咖啡煮泡法有虹吸式、过滤式及蒸汽加压式3种。

(一) 虹吸式

虹吸式煮泡法主要是利用蒸汽压力造成虹吸作用来煮泡咖啡。采用这种方法可以依据不同咖啡豆的熟度及研磨的粗细来控制煮咖啡的时间，还可以控制咖啡的口感与色泽，因此是3种煮泡方式中对专业技巧要求较高的煮泡方式。

1. 煮泡器具

虹吸式煮泡设备包括过滤壶、蒸馏壶、过滤器、酒精灯及搅拌棒。

2. 操作程序

(1) 先将过滤器装在过滤壶中，并将过滤器上的弹簧钩钩牢在过滤壶上。

(2) 在蒸馏壶中注入适量的水。

(3) 点燃酒精灯开始煮水。

(4) 将研磨好的咖啡粉倒入过滤壶中，再轻轻地插入蒸馏壶中，但不要扣紧。

(5) 水煮沸后，将过滤壶与蒸馏壶相互扣紧，扣紧后就会产生虹吸作用，使蒸馏壶中的水往上升，升到过滤壶中与咖啡粉混合。

(6) 适时使用搅拌棒轻轻地搅拌，让水与咖啡粉充分混合。

(7) 40～50秒后，将酒精灯移开熄火。

(8) 酒精灯移开后，蒸馏壶的压力降低，过滤壶中的咖啡液就会经过过滤器回流到蒸馏壶中。

3. 注意事项

咖啡豆的熟度与研磨的粗细都会影响咖啡煮泡的时间，因此必须掌握煮泡咖啡所需要的时间，以充分展现不同咖啡的特色。

(二) 过滤式

过滤式主要是利用滤纸或滤网来过滤咖啡液。根据使用的器具的不同，又可分为日式过滤咖啡与美式过滤咖啡两种。

1. 日式过滤咖啡

日式过滤咖啡是用水壶直接将水冲进咖啡粉中，经过滤纸过滤后所得到的咖啡，所以又称做冲泡式咖啡。器具包括漏斗形上杯座(座底有3个小洞)、咖啡壶、滤纸及水壶。所使用的滤纸有101、102及103共3种型号，可配合不同大小的上杯座使用。

日式过滤咖啡的操作程序如下所述。

(1) 先将滤纸放入上杯座中固定好，并用水略微蘸湿。

(2) 将研磨好的咖啡粉倒入上杯座中。

(3) 将上杯座与咖啡壶结合并摆放好。

(4) 用水壶直接将沸水由外往内以画圈的方式浇入，务必让所有的咖啡粉都能与沸水接触。

(5) 咖啡液经由滤纸由上杯座下的小洞滴入咖啡壶中，滴入完毕即可饮用。

2. 美式过滤咖啡

美式过滤咖啡主要是利用电动咖啡机自动冲泡过滤而成。美式过滤咖啡可以事先冲泡保温备用，操作简单方便，颇受大众的喜爱。煮泡器具是电动咖啡机。咖啡机有自动煮水、自动冲泡过滤及保温等功能，并附有装盛咖啡液的咖啡壶。机器所使用的过滤装置大多是可以重复使用的滤网。

美式过滤咖啡的操作程序如下所述。

(1) 在盛水器中注入适量的水。

(2) 将咖啡豆研磨成粉，倒入滤网中。

(3) 将盖子盖上，开启电源，机器便开始煮水。

(4) 当水沸腾后，会自动滴入滤网中，与咖啡粉混合后，再滴入咖啡壶内。

3. 注意事项

(1) 煮好的咖啡由于处在保温的状态下，不宜放置太久，否则咖啡会变质、变酸。

(2) 不宜使用深度烘焙的咖啡豆，否则会使咖啡产生焦苦味。

(三) 蒸汽加压式

蒸汽加压式主要是利用蒸汽加压的原理，让热水经过咖啡粉后再喷至壶中形成咖啡液。采用这种方式煮出来的咖啡浓度较高，因此又称为浓缩式咖啡，也就是一般大众所熟知的Express咖啡。

1. 煮泡器具

蒸汽咖啡壶一套，主要包括上壶、下壶、漏斗杯。此外还附有一个垫片，用来压实咖啡粉。

2. 主要操作程序

(1) 在下壶中注入适量的水。

(2) 将研磨好的咖啡粉倒入漏斗杯中，并用垫片压紧，放进下壶中。

(3) 将上、下两壶扣紧。

(4) 将整组咖啡壶移到热源上加热，当下壶的水煮沸时，蒸汽会先经过咖啡粉后再冲到上壶，并喷出咖啡液。

(5) 当上壶开始有蒸汽溢出时，表示咖啡已煮泡完。

3. 注意事项

(1) 咖啡粉一定要确实压紧，否则水蒸汽经过咖啡粉的时间太短，会使煮出来的咖啡浓度不足。

(2) 若煮泡一人份的浓缩咖啡，由于咖啡粉不能放满漏斗杯，可将垫片放在咖啡粉上不取出，以确保咖啡粉的紧实。

(3) 浓缩咖啡强调的是咖啡的浓厚风味，所以应该使用深度烘焙的咖啡豆。

单元小结

本单元系统地介绍了咖啡的文化，咖啡豆的种类、等级、烘焙、研磨、品鉴、主要产地及经典咖啡的调制。

咖啡树种有阿拉比卡、罗布斯塔、利比利亚3种；咖啡豆的著名品种有蓝山、曼特宁、摩卡、牙买加、哥伦比亚、巴西圣多斯、危地马拉等；咖啡豆可以按筛网、瑕疵点数、海拔高地分级；咖啡豆的烘焙程度分为浅度烘焙、中度烘焙、深度烘焙3种；咖啡豆的研磨程度分极细研磨、细研磨、中细研磨、中度研磨、粗研磨；咖啡的主要产地有巴西、哥伦比亚、古巴、哥斯达黎加、危地马拉、牙买加、墨西哥、巴拿马、洪都拉斯、安哥拉、埃塞俄比亚、肯尼亚等；世界经典咖啡有康宝蓝、拿铁、摩卡、卡布奇诺、焦糖玛奇朵等；咖啡的调制方法有虹吸式、过滤式、蒸汽加压式等。

单元测试

1. 咖啡树种有哪些？
2. 咖啡豆的种类有哪些？
3. 咖啡豆的等级有哪些？
4. 咖啡豆的烘焙程度有哪些？
5. 主要的咖啡产地有哪些？
6. 咖啡的调制方法有哪些？

课外实训

咖啡的调制技法训练：

1. 虹吸式；
2. 过滤式；
3. 蒸汽加压式。

参考文献

[1] 王天佑. 酒水经营与管理[M]. 北京：旅游教育出版社，2008.

[2] 洪涛. 饭店管理实务[M]. 南京：东南大学出版社，2007.

[3] 李丽，严金明. 西餐与调酒操作实务[M]. 北京：清华大学出版社，2006.

[4] 钱炜. 饭店营销学[M]. 北京：旅游教育出版社，2003.

[5] 郭鲁芳. 旅游市场营销学[M]. 北京：中国建材工业出版社，1998.

[6] 吴克祥，范建强. 吧台酒水操作实务[M]. 沈阳：辽宁科学技术出版社，1997.

[7] 孙国妍，杨洁. 经典鸡尾酒调制手册[M]. 广州：广东科技出版社，2006.

[8] 徐培新. 现代人力资源管理[M]. 青岛：青岛出版社，2003.

[9] 田芙蓉. 酒水服务与酒吧管理[M]. 昆明：云南大学出版社，2004.

[10] 张文建. 旅游服务营销[M]. 上海：立信会计出版社，2003.

[11] 吴克祥. 酒水管理与酒吧经营[M]. 北京：高等教育出版社，2003.

[12] 贺正柏. 菜点酒水知识[M]. 北京：旅游教育出版社，2007.

[13] 王晓晓. 酒水知识与操作服务教程[M]. 沈阳：辽宁科技出版社，2003.

[14] 高富良. 菜点酒水知识[M]. 北京：高等教育出版社，2003.

[15] 王文军. 酒水知识与酒吧经营管理[M]. 北京：中国旅游出版社，2004.

[16] 聂明林，杨啸涛. 饭店酒水知识与酒吧管理[M]. 重庆：重庆大学出版社，1998.

[17] 李爱东. 饮酒与解酒[M]. 郑州：中原农民出版社，2005.

[18] 郭光玲. 调酒师手册[M]. 北京：中国宇航出版社，2007.

[19] 贺正柏，等. 酒水知识与酒吧管理[M]. 北京：旅游教育出版社，2008.

[20] 张波. 酒水知识与酒吧管理[M]. 大连：大连理工大学出版社，2008.

[21] 胡永强. 精品调酒师[M]. 北京：中国轻工业出版社，2009.

[22] 卢志芬，等. 经典鸡尾酒调制100[M]. 福州：福建科学技术出版社，2007.

[23] 劳动和社会保障部. 酒水服务与鸡尾酒调制实训[M]. 北京：中国劳动社会保障出版社，2005.

[24] 陈昕. 酒吧服务训练手册[M]. 北京：旅游教育出版社，2006.

[25] 栗书河. 酒吧服务学习手册[M]. 北京：旅游教育出版社，2006.

[26] 佟童. 新编吧台与酒水操作[M]. 沈阳：辽宁科学技术出版社，2010.

[27] 牟昆. 酒水服务与酒吧管理[M]. 北京：清华大学出版社，2014.

[28] 秦德兵. 咖啡实用技艺[M]. 北京：科学出版社，2012.
[29] 陈健. 学煮咖啡[M]. 北京：化学工业出版社，2010.
[30] 王金豹. 咖啡图鉴[M]. 北京：化学工业出版社，2010.
[31] 殷开明. 酒水服务与酒吧管理[M]. 青岛：中国海洋大学出版社，2011.